高等职业教育教材

电工基础技术项目工作手册

■ 丛书主编　吴建宁　　■ 主编　姚正武

■ 副主编　竺兴妹　部绍海　姚龙

電子工業出版社
Publishing House of Electronics Industry
北京·BEIJING

内 容 简 介

《电工基础技术项目工作手册》是《电工基础技术》的配套教材，是为了配合工学结合的项目教学活动开展，从学生的角度，把学生的学习内容、工作实践内容和评价标准等结合起来，便利并规范学生的学习实践活动。内容主要包括：项目实施文件的制定（项目工作单和生产工作计划）、项目工作准备条目、完成情况考评表、知识水平测试卷、知识学习考评表、工作任务实施内容、工作过程考核评价表、成果验收标准及评价方案、项目验收报告书、项目完成报告书、项目验收等完成过程考评表、思考与练习等。

通过参照企业的生产管理流程及相关要求来组织、开展任务引领型的项目教学活动，使学生在实际项目的制作中掌握和巩固电工基础理论，提升专业理论知识的综合运用能力和职业竞争能力，促进良好的职业素养的养成。本教材编写不仅满足了对职业院校电子、电气、机电类大中专学生教学需求，而且适合社会上从事电类专业工作的有关人员自学需要。

图书在版编目（CIP）数据

电工基础技术项目工作手册 / 姚正武主编．—北京：电子工业出版社，2013.1
高等职业教育教材
ISBN 978-7-121-18777-3

Ⅰ.①电…　Ⅱ.①姚…　Ⅲ.①电工技术－高等职业教育－教材　Ⅳ.①TM

中国版本图书馆 CIP 数据核字（2012）第 250475 号

策划编辑：施玉新
责任编辑：陈晓莉
印　　刷：北京虎彩文化传播有限公司
装　　订：北京虎彩文化传播有限公司
出版发行：电子工业出版社
　　　　　北京市海淀区万寿路 173 信箱　邮编 100036
开　　本：787×1 092　1/16　印张：11.75　字数：300 千字
版　　次：2013 年 1 月第 1 版
印　　次：2021 年 8 月第 5 次印刷
定　　价：24.00 元

凡所购买电子工业出版社图书有缺损问题，请向购买书店调换。若书店售缺，请与本社发行部联系，联系及邮购电话：（010）88254888, 88258888。

质量投诉请发邮件至 zlts@phei.com.cn，盗版侵权举报请发邮件至 dbqq@phei.com.cn。

本书咨询联系方式：（010）88254598。

前 言

“电工基础技术”课程是电类专业的一门重要专业基础课程，培养学生掌握电工技术基础理论和科学实践活动的基础能力，促进学生良好的职业素养的养成，是学习其他电类专业课程技术的基础。而当前与课程配套的传统教材往往因使用周期过长，难以满足时代发展的要求，使得我们培养的学生因知识的陈旧、理论的综合应用能力和基础实践能力弱、社会职业的适应能力差、技术水平不高而落后于形势和社会的需要。为了实现高等职业教育培养高素质高技能人才的目标，使学生能适应社会职业需求，我们编写了《电工基础技术》和《电工基础技术项目工作手册》这套教材。

《电工基础技术》教材基于国内外职业教育的先进理念和成功经验，通过深化改革课程内容和教材编写模式，来适应现代职教理念和项目教学法的实施。根据实践导向课程的设计思想，在项目设计时按企业一般的生产工艺流程编写项目实施过程，开发了具有较鲜明职业特色的5个工学结合项目：三组单颗LED可充电照明手电筒的设计与装调；电桥电路的设计、制作与调试；家居室内照明线路的设计、安装与调试；加工车间三相供配电装置的设计、制作与调试；触摸式延时开关的设计与制作。

《电工基础技术项目工作手册》是《电工基础技术》的配套教材，是为了配合工学结合的项目教学活动开展，从学生的角度，把学生的学习内容、工作实践内容和评价标准等结合起来，便利并规范学生的学习实践活动。内容主要包括：项目实施文件的制定（项目工作单和生产工作计划）、项目工作准备条目、完成情况考评表、知识水平测试卷、知识学习考评表、工作任务实施内容、工作过程考核评价表、成果验收标准及评价方案、项目验收报告书、项目完成报告书、项目验收等完成过程考评表、思考与练习等。

教育部《关于全面提高高等职业教育教学质量的若干意见》提出：要大力推行工学结合，突出实践能力培养，改革人才培养模式。根据这个文件精神，为了在校内也能有效实现“工学结合”的教育模式，本套教材按企业一般的生产工艺流程和管理要求编写项目实施过程，使课程教学与生产性实践有机结合起来。教材编写中注重对学生工作评价的多元性，采取了4种评价方式，即知识水平考核、项目实施过程评价、学生自评和学生互评等考核学习效果。教材在项目实施内容和实施过程的编写中强调了学生学习的主体地位和项目组协作学习要求，为学生探究性学习和自主性学习提供了有效平台，提高了学生团队协作意识和创新能力。

本教材是江苏联合职业技术学院应用电子专业协作委员会组织编写的系列教材之一，丛书主编吴建宁，本教材主编姚正武，副主编竺兴妹、部绍海、姚龙。教材主要参编人员有石鑫、席志凤、吴晓云、时代、刘四妹、李丽、叶俊等。另外姚正云、叶小平、李春林、方海燕、李春兰等同志也参与了教材编写的部分工作。

教材在编写过程中得到了江苏联合职业技术学院机电类专业协作委员会秘书长葛金印教授的

亲切指导，葛老对项目教材的编写格式和内容等都提出了宝贵的意见，在此表示深深的感谢。另外教材编写也得到了江苏联合职业技术学院院领导、南京工程分院校领导、南京分院校领导的亲切指导和大力关心，在此一并表示诚挚的谢意！

由于书稿编写时间仓促和作者水平有限，书中不足和不妥之处难免，恳请广大读者谅解并提出宝贵意见，以便修订和完善。

编　者

2012.10

目　　录

项目一　三组单颗 LED 可充电照明手电筒的设计与装调 …… (1)
任务一　项目实施文件制定及工作准备 …… (1)
一、项目实施文件制定 …… (1)
二、工作准备 …… (2)
三、工作评价 …… (2)
任务二　单组 LED 灯工作电路的设计、制作与调试 …… (2)
一、任务准备 …… (2)
二、任务实施 …… (5)
三、工作评价 …… (7)
任务三　两组 LED 灯工作电路的设计、制作与调试 …… (8)
一、任务准备 …… (8)
二、任务实施 …… (12)
三、工作评价 …… (15)
任务四　三组 LED 手电筒照明电路的设计、制作与调试以及整体装配 …… (16)
一、任务准备 …… (16)
二、任务实施 …… (20)
三、工作评价 …… (23)
任务五　成果验收以及验收报告和项目完成报告的制定 …… (24)
一、任务准备 …… (24)
二、任务实施 …… (25)
三、工作评价 …… (26)
思考与练习 …… (26)
项目二　电桥电路的设计、制作与调试 …… (34)
任务一　项目实施文件制定及工作准备 …… (34)
一、项目实施文件制定 …… (34)
二、工作准备 …… (35)
三、工作评价 …… (35)
任务二　不平衡电桥电路的设计、制作与调试 …… (35)
一、任务准备 …… (35)
二、任务实施 …… (38)
三、工作评价 …… (42)
任务三　单臂平衡电桥电路的设计、制作与调试 …… (43)
一、任务准备 …… (43)
二、任务实施 …… (44)
三、工作评价 …… (47)
任务四　双臂电桥电路的设计、制作与调试 …… (48)
一、任务准备 …… (48)
二、任务实施 …… (49)

三、工作评价 …… (51)
任务五 成果验收以及验收报告和项目完成报告的制定 …… (52)
一、任务准备 …… (52)
二、任务实施 …… (53)
三、工作评价 …… (54)
知识技能拓展 1 叠加定理的验证 …… (55)
一、任务准备 …… (55)
二、任务实施 …… (56)
三、工作评价 …… (57)
知识技能拓展 2 受控源研究 …… (57)
一、任务准备 …… (57)
二、任务实施 …… (58)
三、工作评价 …… (60)
思考与练习 …… (61)
项目三 家居室内照明线路的设计、安装与调试 …… (68)
任务一 岗前学习准备 1 测量正弦交流电 …… (68)
一、任务准备 …… (68)
二、任务实施 …… (70)
三、工作评价 …… (73)
任务二 岗前学习准备 2 电感、电容器的识别与选用 …… (74)
一、任务准备 …… (74)
二、任务实施 …… (75)
三、工作评价 …… (76)
任务三 岗前学习准备 3 测试并分析正弦信号激励下的 RLC 特性 …… (77)
一、任务准备 …… (77)
二、任务实施 …… (78)
三、工作评价 …… (80)
任务四 项目实施文件制定及工作准备 …… (81)
一、项目实施文件制定 …… (81)
二、工作准备 …… (82)
三、工作评价 …… (82)
任务五 典型简单家居室内照明线路的设计与安装 …… (83)
一、任务准备 …… (83)
二、任务实施 …… (84)
三、工作评价 …… (84)
任务六 家居室内荧光灯照明线路的调试与故障排除 …… (85)
一、任务准备 …… (85)
二、任务实施 …… (86)
三、工作评价 …… (88)
任务七 优化设计提高家居室内照明线路的功率因数 …… (88)
一、任务准备 …… (88)
二、任务实施 …… (90)

三、工作评价 …… (91)
任务八　成果验收以及验收报告和项目完成报告的制定 …… (92)
一、任务准备 …… (92)
二、任务实施 …… (92)
三、工作评价 …… (94)
知识技能拓展　谐振电路谐振特性分析及测试 …… (94)
一、任务准备 …… (94)
二、任务实施 …… (96)
三、工作评价 …… (97)
思考与练习 …… (98)
项目四　加工车间三相供配电装置的设计、制作与调试 …… (107)
任务一　项目实施文件制定及工作准备 …… (107)
一、项目实施文件制定 …… (107)
二、工作准备 …… (108)
三、工作评价 …… (108)
任务二　加工车间三相供配电装置动力负载电路的设计、安装和调试 …… (109)
一、任务准备 …… (109)
二、任务实施 …… (112)
三、工作评价 …… (115)
任务三　加工车间三相供配电装置照明和插座电路的设计、安装和调试 …… (115)
一、任务准备 …… (115)
二、任务实施 …… (117)
三、工作评价 …… (118)
任务四　加工车间三相供配电装置的整机调试及优化设计 …… (119)
一、任务准备 …… (119)
二、任务实施 …… (122)
三、工作评价 …… (124)
任务五　成果验收以及验收报告和项目完成报告的制定 …… (125)
一、任务准备 …… (125)
二、任务实施 …… (125)
三、工作评价 …… (127)
知识技能拓展 …… (127)
思考与练习 …… (127)
项目五　触摸式延时开关的设计与制作 …… (131)
任务一　项目实施文件制定及工作准备 …… (131)
一、项目实施文件制定 …… (131)
二、工作准备 …… (132)
三、工作评价 …… (132)
任务二　触摸开关主电路和直流稳压电源的设计与制作 …… (132)
一、任务准备 …… (132)
二、任务实施 …… (135)
三、工作评价 …… (137)

任务三　触摸采样控制电路的设计与制作 …… (138)
一、任务准备 …… (138)
二、任务实施 …… (140)
三、工作评价 …… (142)
任务四　小电流晶闸管延时触发信号电路的设计与制作 …… (142)
一、任务准备 …… (142)
二、任务实施 …… (144)
三、工作评价 …… (146)
任务五　成果验收以及验收报告和项目完成报告的制定 …… (147)
一、任务准备 …… (147)
二、任务实施 …… (148)
三、工作评价 …… (149)
知识技能拓展 3　RC 积分和微分电路的应用分析及测试 …… (150)
一、任务准备 …… (150)
二、任务实施 …… (151)
三、工作评价 …… (152)
思考与练习 …… (153)
附录 A　习题解析与答案 …… (155)
项目一习题解析与答案 …… (155)
项目二习题解析与答案 …… (159)
项目三习题解析与答案 …… (162)
项目四习题解析与答案 …… (172)
项目五习题解析与答案 …… (175)
参考文献 …… (179)

项目一　三组单颗LED可充电照明手电筒的设计与装调

任务一　项目实施文件制定及工作准备

一、项目实施文件制定

1. 项目工作单

参考教材表1.1.1，各项目小组完成项目工作单的填写。

项目一　工作单

项目编号	XMZX-JS-20□□□□□□	项目名称	三组单颗LED可充电照明手电筒的设计与装调
项目等级	宽松（　）　一般（　）　较急（　）　紧急（　）　特急（　）		
	不重要（　）　普通（　）　重要（　）　关键（　）		
	暂缓（　）　普通（　）　尽快（√）　立即（　）		
项目发布部门		项目执行部门	
项目执行组		项目执行人	
项目协办人		协办人职责	协助任务组长认真完成工作任务
项目工作内容描述			
项目实施步骤			
计划开始日期		计划完成日期	
工时定额			
理解与承诺	执行人（签字）：　　年　月　日		
备注			

* 备注：表中1工时在组织教学时，可与1课时对等，以下同。

2. 生产工作计划

3．组织保障和安全技术措施等

4．人员安排方案

二、工作准备

1）项目实施材料、工具、生产设备、仪器仪表等准备（　　）。

每个项目小组参照教材表 1.1.2 物资清单准备。

2）技术资料准备（　　）。

《电子元器件选用手册》或《电工手册》一本。

三、工作评价

任务一　任务完成过程考评表

序号	评价内容	评价要求	评价标准	配分	得分
1	学习表现	认真完成任务，遵章守纪、表现积极	按照拟定的平时表现考核表相关标准执行	20	
2	项目实施文件	项目实施文件数量齐全、质量合乎要求	项目工作单、生产工作计划、组织保障、安全技术措施、人员安排方案等项目实施文件每缺一项扣 20 分；项目实施文件制定质量不合要求，有一项扣 10 分	40	
3	项目实施工作准备	积极认真按照要求完成项目实施的各项准备工作	有一项未准备扣 20 分；有一项准备不充分扣 10 分	40	
4	合计				
5	备注				

任务二　单组 LED 灯工作电路的设计、制作与调试

一、任务准备

（一）知识答卷

任务二　知识水平测试卷

1．填空题

1）电力系统中一般以大地为参考点，参考点的电位为__________电位。

2）欧姆定律一般可分为__________的欧姆定律和__________的欧姆定律。

3）导体电阻的单位是__________，简称__________，用符号__________表示，而电阻率则用符号__________表示。

4）已知电源电动势为 E，电源的内阻压降为 U_0，则电源的端电压 U=__________。

5）有一照明线路，电源端电压为 220V，负载电流为 100A，线路的总阻抗为 0.2Ω，那么负载端电压为__________V。

6）30 秒内均匀通过某导体横截面的电荷量为 6 库仑，则该导体流过的电流是__________。（提示：电流 I =电荷量 q /时间 t）

2. 选择题

1）一段电路欧姆定律的数学表达式是（　　）。

① $I=UR$　　② $I=R/U$　　③ $I=U/R$

2）某直流电路的电压为 220V，电阻为 40Ω，其电流为（　　）。

① 5.5A　　② 4.4A　　③ 1.8A　　④ 8.8A

3）某长度的 $1mm^2$ 铜线的电阻为 3.4Ω，若同长度的 $4mm^2$ 铜线，其电阻值为（　　）。

① 6.8Ω　　② 5.1Ω　　③ 1.7Ω　　④ 0.85Ω

4）当导体材料及长度确定之后，如果导体截面越小，导体的电阻值则（　　）。

① 不变　　② 越大　　③ 越小

5）已知 220V 电压，40W 灯泡，它的电阻是（　　）。

① 2300Ω　　② 3200Ω　　③ 1210Ω　　④ 620Ω

6）电路是电流的（　　）。

① 开路　　② 通路　　③ 回路　　④ 短路

7）电路闭合时电源的端电压（　　）电源电动势减去电源的内阻压降。

① 大于　　② 等于　　③ 小于

8）在仅有一负载电阻为 R=484Ω的闭合回路中，已知电压 U=220V，这时负载消耗的功率值是（　　）。

① 20W　　② 40W　　③ 80W　　④ 100W

9）所谓等效电源定理，就它的外部电能来说，总可以由一个等效电动势 E 和等效内阻 R。相（　　）的简单电路来代替。

① 串联　　② 并联　　③ 混联

10）为了测定电阻，工程上常采用（　　）测定。

①“安伏法”　　②“伏安法”　　③“安培法”　　④“伏特法”

3. 判断题

1）电路中电流的方向是电子运动的方向。（　　）

2）电路中任意两点之间的电压与参考点的选择有关。（　　）

3）电阻率比较高的材料主要用来制造各种电阻元件。（　　）

4）当电阻不变时，电流随电压成正比例变化。（　　）

5）对于电流表来讲可以用并联电阻的方法来扩大量程。（　　）

6）在相同时间内，在电压相同条件下，通过的电流越大，消耗的电能就越少。（　　）

7）通电的时间越长，灯泡消耗的电能越少，电流所做的功也就越大。（　　）

8）电路中某一点的电位等于该点与参考点之间的电压。（　　）

9）在一个电路中，电源产生的功率和负载消耗功率以及内阻损耗的功率是平衡的。（　　）

10）从电阻消耗能量的角度来看，不管电流怎样流，电阻都是消耗能量的。（　）

4．计算题

1）有一直流供电电路，电源的端电压为 230V，负载功率为 12kW，供电距离为 185m，采用多股铜绞线，（$\rho_{铜}$=0.0172Ω mm²/m）。试求：负载端电压为 220V 时，应选用多大截面积的铜导线。

2）某直流电源的电动势 E=24V，内阻 R_0=0.5Ω，负载电阻 R=7.5Ω。求电路中电流 I，端电压 U 和电源内阻压降。

3）说明图（a）、（b）中：① u、i 的参考方向是否关联？② u、i 乘积表示什么功率？③ 如果在图（a）中 $u>0$，$i<0$；图（b）中 $u>0$，$i>0$，元件实际发出还是吸收功率？

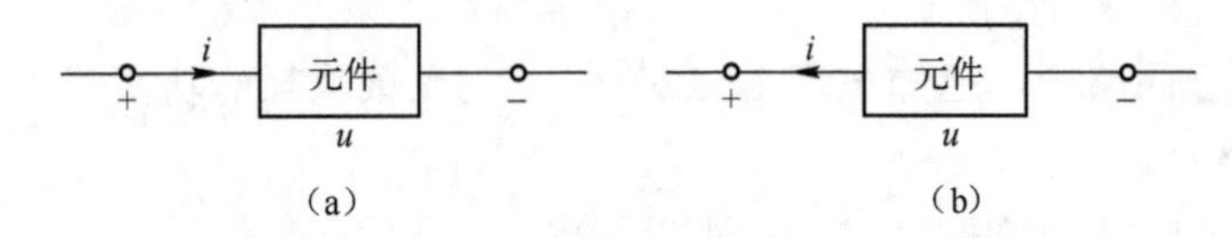

计算题 3）图

4）求图中各元件的功率，并分析是吸收还是发出功率？

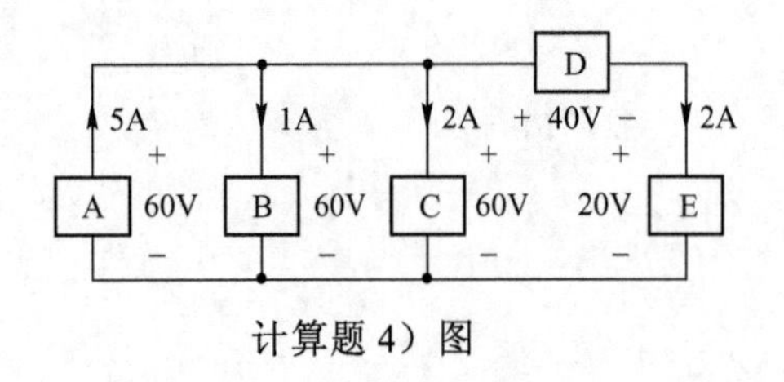

计算题 4）图

（二）知识学习考评成绩

任务二　知识学习考评表

序号	评价内容	评价要求	评价标准	配分	得分
1	学习表现	认真完成任务，遵章守纪	按照拟定的平时表现考核表相关标准	15	
2	学习准备	认真按照规定内容，作好学习准备工作	学习准备事项不全，一项扣 5 分	10	

续表

序号	评价内容	评价要求	评价标准	配分	得分
3	积极性、创新性	积极认真按照要求完成学习内容，并进行创新性学习	积极性、创新性有一项缺乏扣 5 分	10	
4	知识水平测试卷	按时、认真、正确完成答卷	（1）填空题未做或做错，每空扣 1 分； （2）选择题未做或做错，每题扣 1 分； （3）判断题未做或做错，每题扣 1 分； （4）计算题未做或做错，每题扣 5 分，解答不全，每题扣 3 分	50	
5	课后作业	认真并按时完成课后作业	（1）作业缺题未做，一题扣 3 分； （2）作业错误，一题扣 2 分，累计最多不超过 10 分； （3）作业解答不全或部分错误，一题扣 1 分，累计最多不超过 10 分； （4）作业未做，本项成绩为 0 分	15	
6	合计				
7	备注				

二、任务实施

1. 识用万用表

1）在老师示范指导下，各项目小组手持万用表分组讨论学习万用表使用知识，并相互指导训练。

2）老师提出不同测量值以及万用表应用知识问题，各项目小组选派代表抢答并演示测量操作过程。对抢答成功小组，由老师在工作评价时，在《知识学习考评表》“积极性、创新性”项记录成绩。

3）各小组自备三个不同测量值和万用表使用的两个问题，对其他小组进行考评，考评方法见《工作过程考核评价表》相应项，并记入考评成绩。

2. 识读、测量电阻值

表 1.2.1　阻值识读、测量、分析记录表

种类序号 / 阻值及分析	1	2	3	4	5	6	7	8	9	10
识读值										
测量值										
准确率										
误差认识：										

3. 电路设计

设计手电筒单颗 LED 发光电路及其调试电路，绘制电路模型图和调试电路电气原理图，并正确选用元器件。

1）参照主教材中图 1.2.23，设计手电筒单颗 LED 发光电路，绘制电路模型图。

2）为了调试时测试元器件工作特性的方便，在设计的电路中串接一个调试电位器 RP 和一只直流毫安表，直流电压的测量采用万用表，测量电压时接入电路，实物接线图参照主教材图 1.2.25。正确绘制调试电路电气原理图。

3）各项目小组在预先准备的元器件中选用电路的组成器件，讨论分析元器件选用的理由，写出书面设计选用过程。

4．手电筒单颗 LED 发光电路连接和调试

1）线路连接

2）调试

（1）观察和测量。

表 1.2.2　观察和测试记录表

S状态 / 测量和观察	S断开	S合上								
I(mA)										
U(V)										
U_{RP}(V)										
U_{R_1}(V)										
U_D(V)										
LED 明暗强度										

（2）数据处理。

在预先准备的方格纸上，合理选择坐标间隔，根据测试的电压和电流数值，在方格纸坐标系上找到各点，用平滑曲线连接各点，分别绘制电源的外特性曲线、R_1（时不变电阻）的伏安特性曲线、发光二极管 LED（时变电阻）的正向伏安特性曲线。

根据各特性曲线分析判断设计电路各器件工作是否正常合理，并与理论情况作比较。根据 R_1（时不变电阻）的伏安特性曲线验证欧姆定律。讨论分析误差的原因，积极思考改进措施，完成书面分析报告。

分析报告

三、工作评价

任务二　工作过程考核评价表

序号	主 要 内 容	考 核 要 求	考 核 标 准	配分	扣分	得分
1	工作准备	认真完成任务实施前的准备工作	（1）劳防用品穿戴不合规范，仪容仪表不整洁扣5分； （2）仪器仪表未调节、放置不当，每处扣2分； （3）电工实验实训装置未仔细检查就通电，扣5分； （4）材料、工具、元器件没检查或未充分准备，每件扣2分； （5）没有认真学习安全操作规程，扣2分； （6）没有进行触电抢救技能训练，扣2分； （7）没有准备好项目工作手册、记录本、方格纸和铅笔、圆珠笔、三角板、直尺、橡皮等文具，有一处扣2分	10		
2	识用万用表	能正确回答万用表使用的知识问题；能根据测量值合理选择挡位量程，操作过程演示正确	（1）问题回答不正确或未回答，每题扣 5 分；回答有误，每题扣2分； （2）不能根据测量值合理选择万用表的挡位量程，每个测量值扣3分； （3）不能正确演示操作过程，每个测量值扣 3 分；演示有误，每个测量值扣2分	10		

续表

序号	主要内容	考核要求	考核标准	配分	扣分	得分
3	识读、测量电阻值	能正确识读和测量电阻器阻值；能正确进行正确率分析比较和误差分析；数据记录表填写规范完整	（1）不能正确区分电阻种类，每错 1 个扣 1 分； （2）不能正确根据色环法识读各类电阻阻值，每错 1 种扣 1.5 分； （3）不能运用万用表正确、规范测量各电阻值，每个扣 2 分； （4）正确率分析比较有误，每次扣 2 分； （5）未进行误差分析，扣 10 分；误差分析不合理，每次扣 5 分； （6）数据记录表填写不规范，每处扣 2 分；填写不完整，每处扣 5 分	15		
4	电路设计	正确设计单管 LED 发光电路，规范绘制电路模型图和调试电路电气原理图	（1）单颗 LED 发光电路，设计不正确、电路模型图不正确或绘制不规范，每处扣 5 分； （2）单颗 LED 发光调试电路，设计不正确、电气原理图不正确或绘制不规范，每处扣 5 分； （3）电路无书面设计报告，扣 10 分； （4）电路器件选择不合理，每处扣 5 分； （5）元器件选用书面分析过程不合理、不科学，每处扣 5 分	20		
5	电路的制作和调试	元器件和仪表布置合理、安装牢靠；接线正确、美观、牢靠；调试过程规范、安全，测试、观察、分析合理，能正确记录	（1）元器件和仪表布置不合理，每处扣 5 分； （2）元器件和仪表安装不牢固，每处扣 5 分； （3）元器件和仪表接线不正确，每处扣 5 分； （4）元器件和仪表接线不牢靠，每处扣 5 分； （5）调试操作过程中，测试操作不规范，每处扣 5 分； （6）调试过程中，没有按要求正确记录观察现象和测试的数据，每处扣 5 分； （7）调试过程中，没有按要求记录完整，每处扣 5 分； （8）调试过程中，不能正确分析观察的现象和测试的数据，每处扣 10 分； （9）安装调试过程中，未按照注意事项的要求操作，每项扣 10 分	25		
6	仪器仪表、工具的简单维护	安装完毕，能正确对仪器仪表、工具进行简单的维护保养	未对仪器仪表、工具进行简单的维护保养，每个扣 5 分	10		
7	服从管理	严格遵守工作场所管理制度，认真实行 5S 管理	（1）违反工作场所管理制度，每次视情节酌情扣 5～10 分； （2）工作结束，未执行 5S 管理，不能做到人走场清，每次视情节酌情扣 5～10 分	10		
8	安全生产	测量过程中，违反安全生产规程，视情节酌情扣 10～20 分，违反安全规程出现人身、设备、仪器仪表等严重事故者，本次考核以 0 分计				
备注			成绩			
考核人（签名） 年 月 日						

任务三　两组 LED 灯工作电路的设计、制作与调试

一、任务准备

（一）知识答卷

任务三　知识水平测试卷

1．填空题

1）部分电路的欧姆定律是用来说明电路中__________、__________、__________三个物理

量之间关系的定律。

2）全电路欧姆定律，说明了回路中电流 I 与电源电动势的代数和成__________比，而与回路中的__________及__________之和成反比。

3）串联电路中的__________处处相等，总电压等于各电阻上__________之和。

4）一只 220V 15W 的灯泡与一只 220V 100W 的灯泡串联后，接到 220V 电源上，则__________W 灯泡较亮。

5）1 度电就是 1kW 的功率做功 1 小时所消耗的电量，所以它的单位又叫__________。

6）电动势与电压在数值上__________相等，方向相反，电动势的方向是__________方向，与电压的实际方向__________。

7）有两个电阻 R_1=6Ω、R_2=2Ω，它们串联后的总电阻是__________，并联后的总电阻是__________。

8）含有__________的电路称为有源电路；含有__________和__________的__________称为全电路。

9）已知 $R_1=6\Omega$，$R_2=3\Omega$，$R_3=2\Omega$，把它们串联起来后的总电阻 R=__________。

2. 选择题

1）全电路欧姆定律的数学表达式是（　　）。

A. $I=R/(E+r_o)$　　B. $I=E/(R+r_o)$　　C. $I=E/R$

2）6Ω与 3Ω的两个电阻并联，它的等效电阻值应为（　　）。

A. 3Ω　　B. 2Ω　　C. 0.5Ω　　D. 9Ω

3）将 2Ω与 3Ω的两个电阻串联后，接在电压为 10V 的电源上，2Ω电阻上消耗的功率为（　　）。

A. 4W　　B. 6W　　C. 8W　　D. 10W

4）两个电阻串联接入电路时，当两个电阻阻值不相等时，则（　　）。

A. 电阻大的电流小　　B. 电流相等

C. 电阻小的电流小　　D. 电流大小与阻值无关

5）联接导线及开关的作用是将电源和负载联接成一个闭合回路，用来传输和分配、控制（　　）。

A. 电流　　B. 电压　　C. 电位　　D. 电能

6）有一继电器，其工作电压为 6V，线圈电阻 R_2=200Ω，电源电压为 24V。只要串联的降压电阻 R_1 为（　　）时，可使继电器正常工作。

A. 200Ω　　B. 400Ω　　C. 600Ω　　D. 800Ω

7）通常（　　）是一种严重事故，应尽力预防。

A. 短路　　B. 开路　　C. 回路　　D. 闭路

8）在电子电路中，通常选很多元件汇集在一起且与机壳相联接的公共线作为参考点或称（　　）。

A. “中线”　　B. “零线”　　C. “地线”　　D. “火线”

9）图所示电路中，已知 I_S=3 A，R_S=20Ω，欲使电流 I=2A，则必须有 R=（　　）。

A. 10Ω　　B. 30Ω　　C. 20Ω　　D. 40Ω

10）图所示电路中，欲使 $U_1=U/3$，则 R_1 和 R_2 的关系式为（　　）。

A. $R_2=2R_1$　　B. $R_1=R_2/4$　　C. $R_1=4R_2$　　D. $R_1=R_2/3$

11）图所示电路中，A 点电位为（　　）V。

A．8　　B．10　　C．12　　D．6

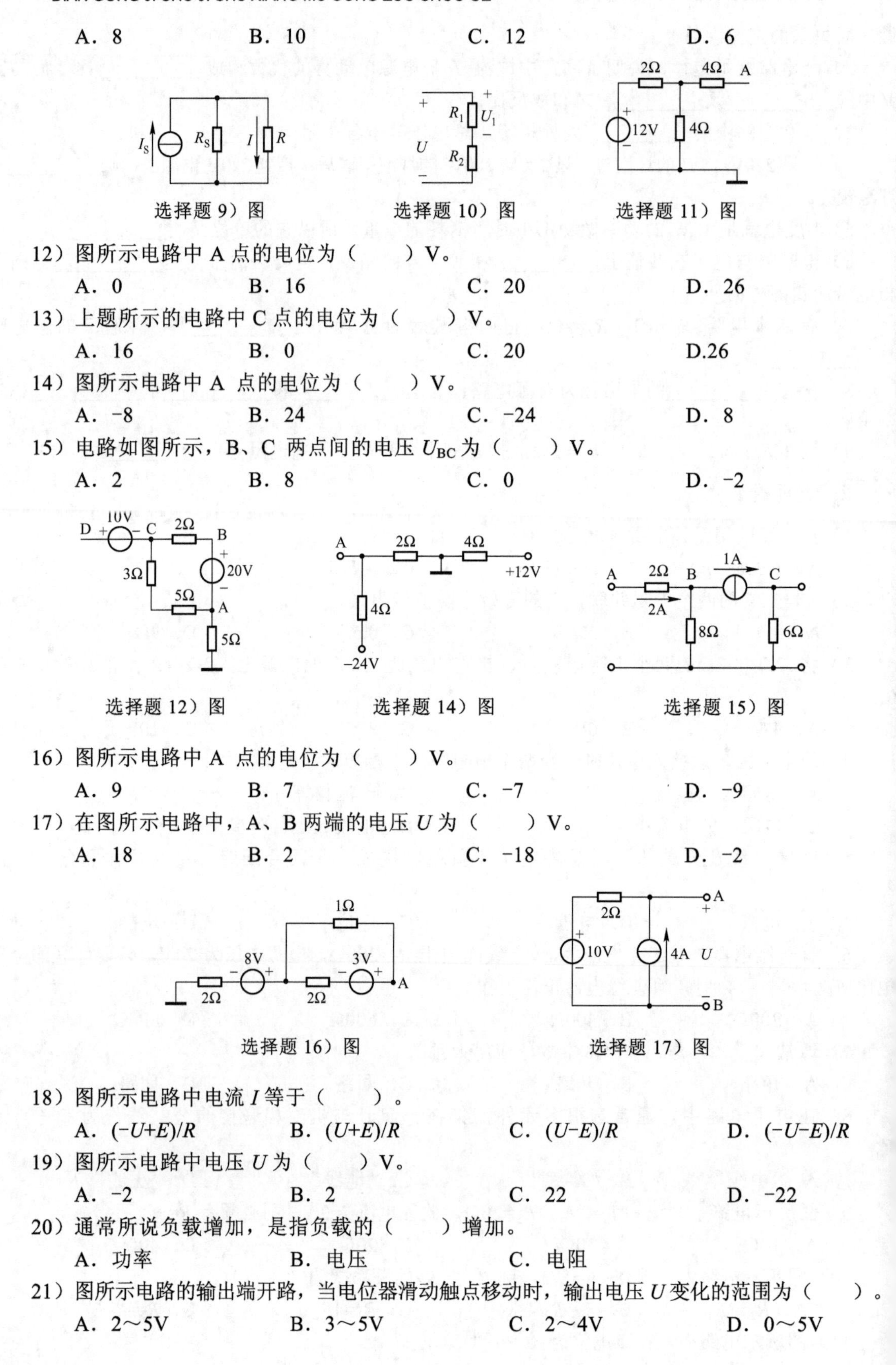

选择题 9）图　　选择题 10）图　　选择题 11）图

12）图所示电路中 A 点的电位为（　　）V。

A．0　　B．16　　C．20　　D．26

13）上题所示的电路中 C 点的电位为（　　）V。

A．16　　B．0　　C．20　　D.26

14）图所示电路中 A 点的电位为（　　）V。

A．−8　　B．24　　C．−24　　D．8

15）电路如图所示，B、C 两点间的电压 U_{BC} 为（　　）V。

A．2　　B．8　　C．0　　D．−2

选择题 12）图　　选择题 14）图　　选择题 15）图

16）图所示电路中 A 点的电位为（　　）V。

A．9　　B．7　　C．−7　　D．−9

17）在图所示电路中，A、B 两端的电压 U 为（　　）V。

A．18　　B．2　　C．−18　　D．−2

选择题 16）图　　选择题 17）图

18）图所示电路中电流 I 等于（　　）。

A．$(-U+E)/R$　　B．$(U+E)/R$　　C．$(U-E)/R$　　D．$(-U-E)/R$

19）图所示电路中电压 U 为（　　）V。

A．−2　　B．2　　C．22　　D．−22

20）通常所说负载增加，是指负载的（　　）增加。

A．功率　　B．电压　　C．电阻

21）图所示电路的输出端开路，当电位器滑动触点移动时，输出电压 U 变化的范围为（　　）。

A．2～5V　　B．3～5V　　C．2～4V　　D．0～5V

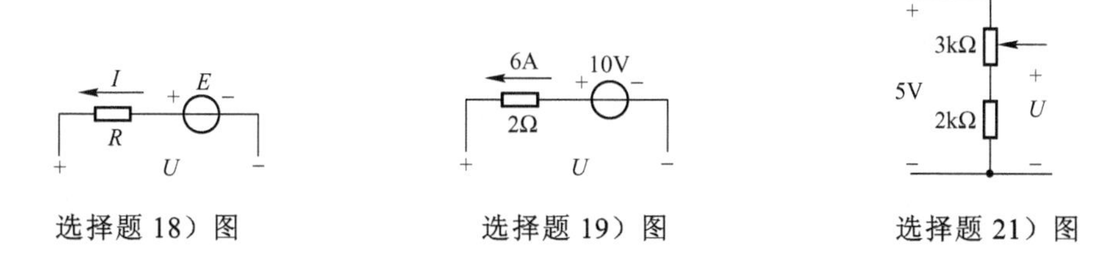

选择题 18）图　　选择题 19）图　　选择题 21）图

3. 判断题

1）几个不等值的电阻串联，每个电阻中通过的电流也不相等。（　　）

2）两个电阻相等的电阻并联，其等效电阻（即总电阻）比其中任何一个电阻的阻值都大。（　　）

3）并联电路的电压与某支路的电阻值成正比，所以说并联电路中各支路的电流相等。（　　）

4）并联电路的各支路对总电流有分流作用。（　　）

4. 计算题

1）电路如图所示，其中 i_S=2A，u_S=10V。

（1）求 2A 电流源和 10V 电压源的功率。

（2）如果要求 2A 电流源的功率为零，在 AB 线段内应插入何种元件？分析此时各元件的功率。

（3）如果要求 10V 电压源的功率为零，则应在 BC 间并联何种元件？分析此时元件的功率。

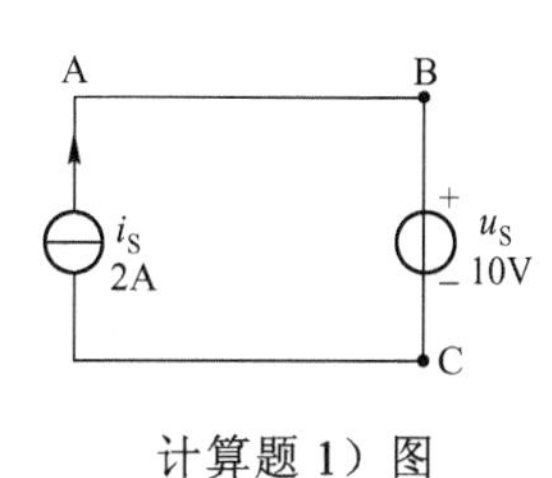

计算题 1）图

2）如将电阻分别为 R_1=400Ω，R_2=100Ω的两只电热器并联，接在 220V 的电源上，试求并联电路的总电阻和总电流。

3）将两阻值和功率分别为 484Ω、100W 和 242Ω、200W 的灯泡并联，接在 220V 的电源，（1）试求流过每个灯泡的电流和它们所消耗的功率；（2）如不慎将两灯泡串联接在 220V 电源上，问每个灯泡的电压和它们所消耗的功率各是多少？会出现什么现象？

（二）知识学习考评成绩

任务三　知识学习考评表

序号	评价内容	评价要求	评价标准	配分	得分
1	学习表现	认真完成任务，遵章守纪	按照拟定的平时表现考核表相关标准	15	
2	学习准备	认真按照规定内容，作好学习准备工作	学习准备事项不全，一项扣5分	10	
3	积极性、创新性	积极认真按照要求完成学习内容，并进行创新性学习	积极性、创新性有一项缺乏扣5分	10	
4	知识水平测试卷	按时、认真、正确完成答卷	（1）填空题未做或做错，每空扣0.5分； （2）选择题未做或做错，每选项扣1分； （3）判断题未做或做错，每题扣1分； （4）计算题未做或做错，每题扣5分，解答不全，每题扣2分	50	
5	课后作业	认真并按时完成课后作业	（1）作业缺题未做，一题扣3分； （2）作业错误，一题扣2分，累计最多不超过10分； （3）作业解答不全或部分错误，一题扣1分，累计最多不超过10分； （4）作业未做，本项成绩为0分	15	
6	合计				
7	备注				

二、任务实施

1．验证单组LED手电筒全电路欧姆定律

1）求解蓄电池内电阻 R_S

由式（1-2-14）$U = U_S - IR_S$ 可知，电源外特性曲线的斜率就是 R_S。根据任务二绘制的电源外特性曲线，在电源外特性直线上截取一段 ΔU 和相应的 ΔI，便可计算 $R_S=\Delta U/\Delta I$。

2）验证全电路欧姆定律

把开关S合上时表1.2.9测试的数据重新填入表1.3.1中，分别计算 $R(R=U/I)$ 值填入表1.3.1中。再分别计算 $U_S/(R+R_S)$ 值填入表中，并与表中各 I 值比较，分析判断是否满足全电路欧姆定律，结论分析也填入表1.3.1中。表1.3.1中 U_S 是开关S断开时表1.2.9中电源端电压 U。

表 1.3.1 测算和分析记录表

U_S =________ R_S =________

开关状态 测算和分析	S 合上								
I(mA)									
U(V)									
R									
$U_S/(R+R_S)$									
是否满足全电路欧姆定律									
结论分析：									

2. 验证单组LED手电筒串联电路的特点和性质

把表 1.3.1 中的I(mA)、U(V)、R 等数值和表 1.2.9 中的U_{RP}(V)、U_{R1}(V)、U_D(V)等数值重新填入表 1.3.2 中。分别计算 $R_P=U_{RP}/I$、$R_1=U_{R1}/I$、$R_D=U_{RD}/I$、$P=UI$、$P_{RP}=U_{RP}I$、$P_{R1}=U_{R1}I$、$P_{RD}=U_{RD}I$，并把数值填入表 1.3.2 中。根据表 1.3.2 中测算的数据分析验证单组 LED 手电筒串联电路的特点和性质。

表 1.3.2 测算和分析记录表

U_S =________ R_S =________

S 状态 测算和分析	S 合上								
I(mA)									
U(V)									
U_{RP}(V)									
U_{R1}(V)									
U_D(V)									
R									
RP									
R_1									
R_D									
P									
P_{RP}									
P_{R1}									
P_{RD}									
结论分析：									

3．电路设计

设计两组 LED 手电筒发光并联电路及其调试电路，绘制电路模型图和调试电路电气原理图，并正确选用元器件。

1）设计两组 LED 手电筒发光并联电路，绘制电路模型图。

2）为了调试时，测试元器件工作特性的方便，在设计的电路中串接一个调试电位器 RP 和一只直流毫安表，直流电压的测量采用万用表，测量电压时接入电路，实物接线图参照图 1.3.9。正确绘制调试电路电气原理图。

3）各项目小组在预先准备的元器件中选用电路的组成器件，讨论分析元器件选用的理由，写出书面设计选用过程。

4．两组 LED 手电筒发光并联电路连接和调试

1）线路连接

2）调试

（1）观察和测量。

（2）数据处理及两组 LED 手电筒并联电路特性分析。

表 1.3.3　观察、测量和计算记录表

R_1 =________　R_2 =________

开关状态 观察、测量、计算		S 断开	S 合上								
LED 明暗强度											
I(mA)											
U(V)											
U_{RP}(V)											
U_{AB}(V)											
P (mW)											
P_{RP}(mW)											
P_{AB}(mW)											
R(Ω)											
RP(Ω)											
R_{AB}(Ω)											
I	U_{R1}(V)										
	U_{D1}(V)										
	I_1(mA)										
	P_1(mW)										
	R_{AB1}(Ω)										
II	U_{R2}(V)										
	U_{D2}(V)										
	I_2(mA)										
	P_2(mW)										
	R_{AB2}(Ω)										
结论分析：											

三、工作评价

任务三　工作过程考核评价表

序号	主 要 内 容	考 核 要 求	考 核 标 准	配分	扣分	得分
1	工作准备	认真完成任务实施前的准备工作	（1）劳防用品穿戴不合规范，仪容仪表不整洁扣5分； （2）仪器仪表未调节、放置不当，每处扣2分； （3）电工实验实训装置未仔细检查就通电，扣5分； （4）材料、工具、元器件没检查或未充分准备，每件扣2分； （5）没有认真学习安全操作规程，扣2分； （6）没有进行触电抢救技能训练，扣2分； （7）没有准备好项目工作手册、记录本、方格纸和铅笔、圆珠笔、三角板、直尺、橡皮等文具，有一处扣2分	10		
2	验证单组LED手电筒全电路欧姆定律	能正确根据电源外特性曲线求解电源内阻；能根据测量值正确计算电路有关参数值；能根据测量、计算值正确分析验证全电路欧姆定律；数据记录表填写规范完整	（1）不能正确分析电源外特性曲线并求解电源内阻，扣5分；分析有误，每题扣3分； （2）不能根据测量值正确计算电路有关参数值，每个参数值扣3分； （3）不会根据测量、计算值正确分析验证全电路欧姆定律，扣6分；分析验证有误，扣3分。 （4）数据记录表填写不规范，每处扣2分；填写不完整，每处扣5分	10		

续表

序号	主要内容	考核要求	考核标准	配分	扣分	得分
3	验证单组LED手电筒串联电路的特点和性质	能根据测量值正确计算电路有关参数值；能根据测量、计算值正确分析验证串联电路的特点和性质；数据记录表填写规范完整	（1）不能根据测量值正确计算电路有关参数值，每个参数值扣3分； （2）不能根据测量、计算值正确分析验证串联电路的特性，每个特性扣10分；分析有误，每个特性扣5分； （3）数据记录表填写不规范，每处扣2分；填写不完整，每处扣5分	15		
4	两组LED并联电路设计	正确设计两组LED发光并联电路和调试电路，规范绘制电路模型图和调试电路电气原理图	（1）两组LED并联电路，设计不正确、电路模型图不正确或绘制不规范，每处扣5分； （2）两组LED并联调试电路，设计不正确、电气原理图不正确或绘制不规范，每处扣5分； （3）电路无书面设计报告，扣10分； （4）电路器件选择不合理，每处扣5分； （5）元器件选用书面分析过程不合理、不科学，每处扣5分	20		
5	电路的连接和调试	元器件和仪表布置合理、安装牢靠；接线正确、美观、牢靠；调试过程规范、安全，观察、测量合理，能正确记录；能根据测量值正确计算电路有关参数值；能根据测量、计算值正确分析验证两组并联电路的特点和性质	（1）元器件和仪表布置不合理，每处扣5分； （2）元器件和仪表安装不牢固，每处扣5分； （3）元器件和仪表接线不正确，每处扣5分； （4）元器件和仪表接线不牢靠，每处扣5分； （5）调试操作过程中，测试操作不规范，每处扣5分； （6）调试过程中，没有按要求正确记录观察现象和测试的数据，每处扣5分； （7）调试过程中，没有按要求记录完整，每处扣5分； （8）调试过程中，不能正确分析观察的现象和测量的数据，每处扣10分； （9）不能根据测量值正确计算电路有关参数值，每个参数值扣3分； （10）不能根据测量、计算值正确分析验证并联电路的特性，每个特性扣10分；分析有误，每个特性扣5分； （11）安装调试过程中，未按照注意事项的要求操作，每项扣10分	25		
6	仪器仪表、工具的简单维护	安装完毕，能正确对仪器仪表、工具进行简单的维护保养	未对仪器仪表、工具进行简单的维护保养，每个扣5分	10		
7	服从管理	严格遵守工作场所管理制度，认真实行5S管理	（1）违反工作场所管理制度，每次视情节酌情扣5～10分； （2）工作结束，未执行5S管理，不能做到人走场清，每次视情节酌情扣5～10分	10		
8	安全生产	测量过程中，违反安全生产规程，视情节酌情扣10～20分，违反安全规程出现人身、设备、仪器仪表等严重事故者，本次考核以0分计				
备注			成绩			
考核人（签名） 年 月 日						

任务四 三组LED手电筒照明电路的设计、制作与调试以及整体装配

一、任务准备

（一）知识答卷

任务四 知识水平测试卷

1．填空题

1）在一电路中，若电路的电源电压为10V，内电阻为5Ω，则电路外接负载电阻为__________Ω

时负载上获得最大输出功率，且 P_M=__________。

2）把 n 个电阻值都为 R 的导体串联起来，总电阻为__________。

3）几个电阻并联起来，它们的等效电阻（总电阻）比任何一个电阻都__________。

4）现有 2kΩ、4kΩ、6kΩ、12kΩ电阻各一个，要想得到一个 3kΩ的电阻可采用两种方法：一是将__________，二是将__________。

5）一条粗细均匀的导线的电阻为 R，把它截成等长的 4 段，每段导体的电阻是__________，然后把这 4 段导线绞在一起，这时的总电阻是__________。

6）3Ω和 6Ω的两个电阻并联在 6V 的电源上，总电阻为__________，通过 3Ω 支路的电流为__________。

2. 选择题

1）理想电压源的电流由（　　）决定。

A．电压源　　　　B．与之联结的外部电路

2）一段电路的端电压为 U，端电流为 I，在关联参考方向下，当 $P=UI>0$ 时，该段电路（　　）功率。

A．吸收　　　　B．释放

3）如图电路，当 R 增大时，流过 R_L 的电流将（　　）。

A．不变　　　　B．变化

4）如图所示电路中，U=__________，I=__________。

A．-10V，10A　　　　B．10V，10A

选择题 3）图　　　　选择题 4）图

5）三个阻值相同的电阻串联，其总电阻等于一个电阻值的（　　）。

A．1/3 倍　　B．3 倍　　C．6 倍　　D．4/3 倍

6）三个阻值相同的电阻 R，两个并联后与另一个串联，其总电阻等于（　　）。

A．R　　B．$(1/4)R$　　C．$(1/2)R$　　D．$1.5R$

7）并联电阻的等效电阻，它的倒数等于各支路电阻倒数(　)。

A．之积　　B．之商　　C．之差　　D．之和

8）在图所示的（a）、（b）电路中，已知两图中电压 U 和电流 I 相同，如果 $R_1>R_2>R_3$，则下面结论正确的是（　　）。

A．图（a）中 R_1 和图（b）中 R_3 消耗的功率最大

B．图（a）和图（b）中 R_1 消耗的功率最大

C．图（a）中 R_3 和图（b）中 R_1 消耗的功率最大

D．图（a）和图（b）中 R_3 消耗的功率最大

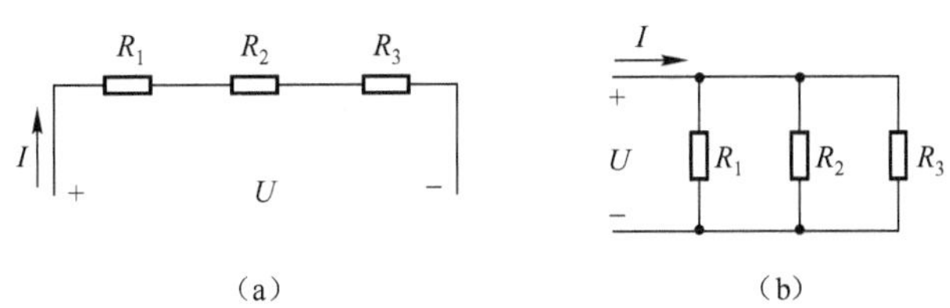

选择题 8）图

9）两只白炽灯的额定电压为 220V，额定功率分别为 100W 和 25W，下面结论正确的是（　）。

A．25W 白炽灯的灯丝电阻较大

B．100W 白炽灯的灯丝电阻较

C．25W 白炽灯的灯丝电阻较小

10）电路如图所示，当 A、B 两点间开路时的电压 U_2 为__________V。

A．6　　B．10　　C．2　　D．4

11）图所示电路中 $U_{ab}=0$，试求电流源两端的电压 U_S 为__________V。

A．-60　　B．60　　C．40　　D．-40

12）在图所示电路中，电压与电流关系式，正确的为__________。

A．$U=-E-IR$　　B．$U=E+IR$　　C．$U=-E+IR$　　D．$U=E-IR$

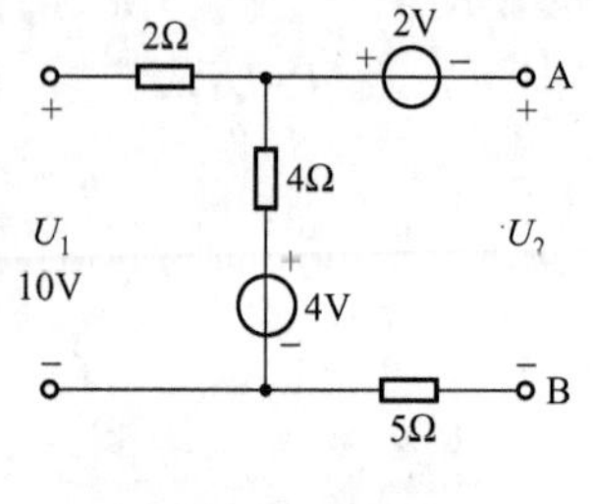

选择题 10）图

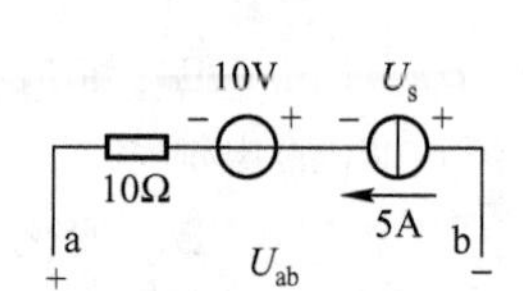

选择题 11）图

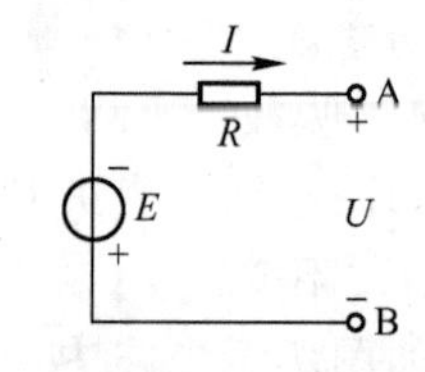

选择题 12）图

13）如图所示，电灯 L_1、L_2 上分别标有“220V，60W”和“220V，40W”字样，那么（　）。

A．a、b 接 220V 电压时，L_1、L_2 均能正常发光

B．a、b 接 440V 电压时，L_1、L_2 均能正常发光

C．无论 a、b 两端接多少伏电压，L_1、L_2 都不可能正常发光

D．无论 a、b 接多少伏电压，L_1 肯定不能正常发光

14）如图所示，是将滑动变阻器作分压器用的电路，A、B 为分压器的输出端，若把变阻器的滑动片放在变阻器的中点，下列判断哪些正确（　）。

A．当接负载 R 时输出电压 $U_{AB}=U_{CD}/2$　B．当接负载 R 时，输出电压 $U_{AB}<U_{CD}/2$

C．负载 R 越大，U_{AB} 越接近 $U_{CD}/2$　D．负载 R 越小，U_{AB} 越接近 $U_{CD}/2$

15）如图所示，电阻 $R_1=R_2=R_4=5\Omega$，$R_3=10\Omega$，则电压之比 $U_1:U_2$ 和 R_1 与 R_4 消耗的功率之比 $P_1:P_4$ 分别为（　）。

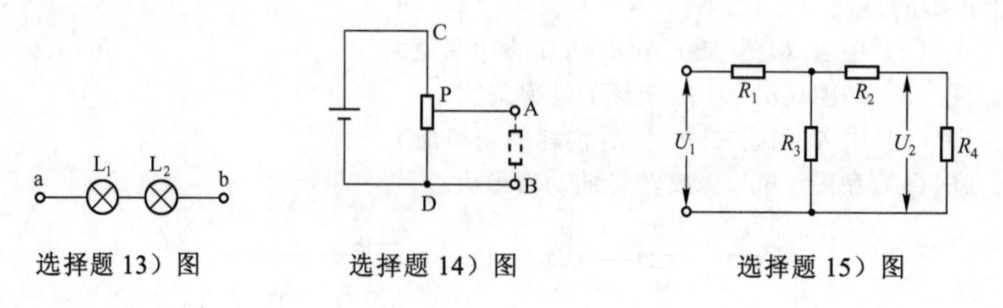

选择题 13）图　　选择题 14）图　　选择题 15）图

A．1∶4，1∶8　B．4∶1，4∶1　C．1∶8，1∶16　D．8∶1，16∶1

3．思考题

1）如图所示电路中，U_S 不变，当 R_3 增大或减小时，电压表、电流表的读数将如何变化？

说明其原因。

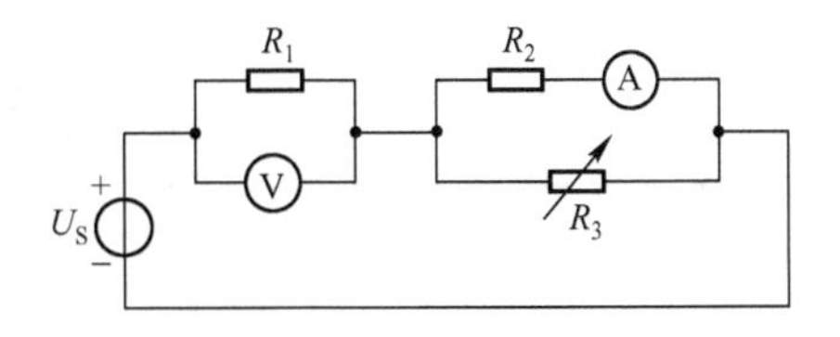

思考题1）图

2）如图所示，灯泡A（220V、100W）和B（220V、25W）串联后接在电路PQ段，为使两灯泡安全使用，电路PQ所加电压的最大值为多少伏？电路PQ段所允许消耗的最大电功率是多少瓦？（假设灯泡电阻一定）。

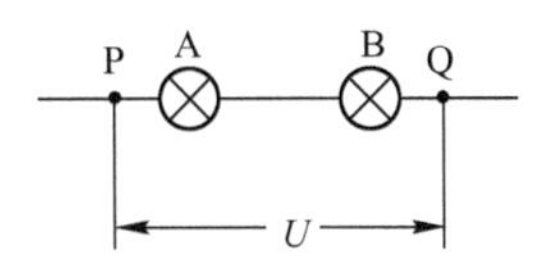

思考题2）图

3）有4盏灯，接入如图所示的电路中，L_1和L_2都标有“220V、100W”字样，L_3和L_4标有“220V、40W”字样，把电路接通后，最暗的灯将是哪个灯？

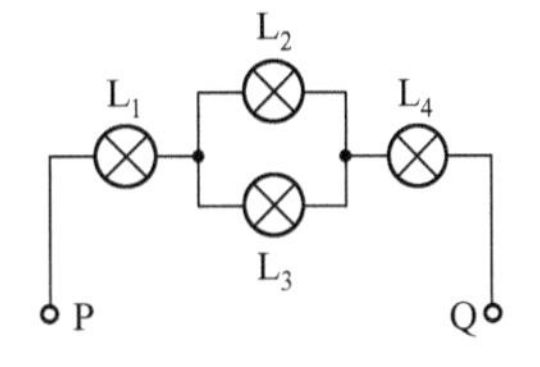

思考题3）图

4．综合计算题

1）采用一个0～2000Ω的电位器，构成调压器，当在电位器电阻为1000Ω处引出引线作为输出端，接入电阻为100Ω的负载，当电位器的输入电压为220V时，试计算：① 电路的等效电阻R；② 电路的总电流I；③ 负载电路的电流I_2；④ 输出电压U_2及负载功率P_2。

2）将阻值分别为R_1、R_2、R_3的三个电阻并联接入电路，发现通过它们的电流之比为：$I_1:I_2:I_3=R_3:R_2:R_1$，通过计算求证这三个电阻的阻值之间的关系是：$R_2=\sqrt{R_1R_3}$。

3）分析化简图所示的电路。

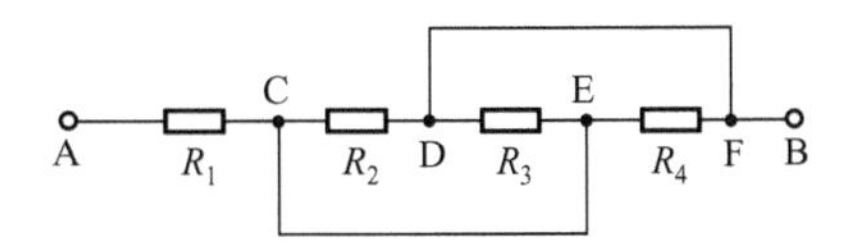

计算题3）图

（二）知识学习考评成绩

任务四　知识学习考评表

序号	评价内容	评价要求	评价标准	配分	得分
1	学习表现	认真完成任务，遵章守纪	按照拟定的平时表现考核表相关标准	15	
2	学习准备	认真按照规定内容，作好学习准备工作	学习准备事项不全，一项扣5分	10	
3	积极性、创新性	积极认真按照要求完成学习内容，并进行创新性学习	积极性、创新性有一项缺乏扣5分	10	
4	知识水平测试卷	按时、认真、正确完成答卷	（1）填空题未做或做错，每空扣0.5分；（2）选择题未做或做错，每题扣1分；（3）思考题未做或做错，每题扣5分，回答不全，每题扣2分；（4）综合计算题未做或做错，每题扣5分，解答不全，每题扣2分	50	
5	课后作业	认真并按时完成课后作业	（1）作业缺题未做，一题扣3分；（2）作业错误，一题扣2分，累计最多不超过10分；（3）作业解答不全或部分错误，一题扣1分，累计最多不超过10分；（4）作业未做，本项成绩为0分	15	
6	合计				
7	备注				

二、任务实施

1．电路设计

设计三组 LED 手电筒发光并联电路及其调试电路，绘制电路模型图和调试电路电气原理图，并正确选用元器件。

1）设计三组 LED 手电筒发光并联电路，绘制电路模型图。

2）为了调试时，测试元器件工作特性的方便，在设计的电路中串接一个调试电位器 RP 和一只直流毫安表，直流电压的测量采用万用表，测量电压时接入电路，实物接线图参照教材图 1.4.3。正确绘制调试电路电气原理图。

3）各项目小组在预先准备的元器件中选用电路的组成器件，讨论分析元器件选用的理由，写出书面设计选用过程。

2. 三组 LED 手电筒发光并联电路连接和调试

1）线路连接

2）调试

（1）观察和测量。

（2）三组 LED 手电筒并联电路及混联调试电路特性分析。

表 1.4.1 观察、测量和计算记录表

R_1＝__________ R_2＝__________ R_3＝__________

开关状态 / 观察、测量、计算		S 断开	S 合上								
LED 明暗强度											
I(mA)											
U(V)											
U_{RP}(V)											
U_{AB}(V)											
P(mW)											
P_{RP}(mW)											
P_{AB}(mW)											
R(Ω)											
RP(Ω)											
R_{AB}(Ω)											
I	U_{R1}(V)										
	U_{D1}(V)										
	I_1(mA)										
	P_1(mW)										
	R_{AB1}(Ω)										
II	U_{R2}(V)										
	U_{D2}(V)										
	I_2(mA)										
	P_2(mW)										
	R_{AB2}(Ω)										
III	U_{R3}(V)										
	U_{D3}(V)										
	I_3(mA)										
	P_3(mW)										
	R_{AB3}(Ω)										
结论分析：											

3．求证三组 LED 手电筒并联电路功率传输效率 η

4．验证电路最大功率传输定理

表 1.4.2 观察、测量和计算记录表

R_S =__________

S 状态 观察、测量、计算	S 断开	S 合上								
LED 明暗强度										
I(mA)										
U(V)										
U_{RP}(V)										
U_{AB}(V)										
P_{AB}(mW)										
RP(Ω)										
R_{bS}(Ω)										
R_{AB}(Ω)										

结论分析：

表 1.4.3 测量和计算记录表

R_S =__________

开关状态 测量、计算	S 断开	S 合上								
R_{AB}(Ω)	100	100	100	100	100	100	100	100	100	100
I(mA)										
U(V)										
U_{RP}(V)										
RP(Ω)										
R_{bS}(Ω)										
P_{AB}(mW)										

结论分析：

5．手电筒整体装配

三、工作评价

任务四　工作过程考核评价表

序号	主要内容	考核要求	考核标准	配分	扣分	得分
1	工作准备	认真完成任务实施前的准备工作	（1）劳防用品穿戴不合规范，仪容仪表不整洁扣5分； （2）仪器仪表未调节、放置不当，每处扣2分； （3）电工实验实训装置未仔细检查就通电，扣5分； （4）材料、工具、元器件没检查或未充分准备，每件扣2分； （5）没有认真学习安全操作规程，扣2分； （6）没有进行触电抢救技能训练，扣2分； （7）没有准备好项目工作手册、记录本、方格纸和铅笔、圆珠笔、三角板、直尺、橡皮等文具，有一处扣2分	10		
2	三组LED并联电路设计	正确设计三组LED发光并联电路和调试电路，规范绘制电路模型图和调试电路电气原理图	（1）三组LED并联电路，设计不正确、电路模型图不正确或绘制不规范，每处扣5分； （2）三组LED并联调试电路，设计不正确、电气原理图不正确或绘制不规范，每处扣5分； （3）电路无书面设计报告，扣10分； （4）电路器件选择不合理，每处扣5分； （5）元器件选用书面分析过程不合理、不科学，每处扣5分	20		
3	电路的连接和调试	元器件和仪表布置合理、安装牢靠；接线正确、美观、牢靠；调试过程规范、安全，观察、测量合理，能正确记录；能根据测量值正确计算电路有关参数值；能根据测量、计算值正确分析验证三组并联电路的特点和性质	（1）元器件和仪表布置不合理，每处扣5分； （2）元器件和仪表安装不牢固，每处扣5分； （3）元器件和仪表接线不正确，每处扣5分； （4）元器件和仪表接线不牢靠，每处扣5分； （5）调试操作过程中，测试操作不规范，每处扣5分； （6）调试过程中，没有按要求正确记录观察现象和测试的数据，每处扣5分； （7）调试过程中，没有按要求记录完整，每处扣5分； （8）调试过程中，不能正确分析观察的现象和测量的数据，每处扣10分； （9）不能根据测量值正确计算电路有关参数值，每个参数值扣3分； （10）不能根据测量、计算值正确分析验证并联电路的特性，每个特性扣10分；分析有误，每个特性扣5分； （11）安装调试过程中，未按照注意事项的要求操作，每项扣10分	25		
4	求证三组LED并联电路效率并验证电路最大功率传输定理	能正确根据测量值分析计算电路的效率；能根据测量值正确计算电路有关参数值；能根据测量、计算值正确分析验证最大功率传输定理；数据记录表填写规范完整	（1）不能正确根据测量值分析计算电路的效率，扣5分；分析有误，每题扣3分； （2）不能根据测量值正确计算电路有关参数值，每个参数值扣3分； （3）不会根据测量、计算值正确分析验证最大功率传输定理，扣6分；分析验证有误，扣3分； （4）数据记录表填写不规范，每处扣2分；填写不完整，每处扣5分	10		
5	手电筒整体装配	能根据正确步骤和要求，规范装配手电筒各组成部分	（1）电路各组成部分不能正确装配，每个组成部分扣10分；装配过程不规范或装配有误，每部分扣5分； （2）电路整体装配步骤混乱，扣10分；装配过程操作不规范或装配有误，每步扣5分； （3）不能完成手电筒整体装配，扣15分；装配过程操作不当、操作不规范或装配有误，扣5分； （4）装配过程中损坏元器件或操作失误引起装配过程不能正常进行，扣10分	15		

续表

序号	主要内容	考核要求	考核标准		配分	扣分	得分
6	仪器仪表、工具的简单维护	安装完毕，能正确对仪器仪表、工具进行简单的维护保养	未对仪器仪表、工具进行简单的维护保养，每个扣5分		10		
7	服从管理	严格遵守工作场所管理制度，认真实行5S管理	（1）违反工作场所管理制度，每次视情节酌情扣5～10分； （2）工作结束，未执行5S管理，不能做到人走场清，每次视情节酌情扣5～10分		10		
8	安全生产	测量过程中，违反安全生产规程，视情节酌情扣10～20分，违反安全规程出现人身、设备、仪器仪表等严重事故者，本次考核以0分计					
备注			成绩				
考核人（签名） 年　月　日							

任务五　成果验收以及验收报告和项目完成报告的制定

一、任务准备

表1.5.1　项目一　成果验收标准及验收评价方案

序号	验收内容	验收标准	验收评价方案	配分方案
1	手电筒功能	三组LED可充电手电筒使用时，满足以下4个功能要求： （1）拨动开关未合上，三组单颗LED灯均不亮； （2）开关合上，三组LED灯均亮，测算蓄电池新充满电时，每组发光功率要不低于0.06W，发光效率不低于80%； （3）蓄电池新充满电时，合上开关，发光持续时间不低于6～8小时，测量LED发光工作电压在1.5～3.5V内可调； （4）插头可伸缩，插市电后，无论波动开关开合，蓄电池都能安全、正常充电，开关合时，手电筒也能正常发光	（1）针对验收标准第（1）项功能，若有灯亮，验收成绩扣15分； （2）针对验收标准第（2）项功能，若有灯不亮，每组灯验收成绩扣10分，都不亮本项验收成绩为0；灯全亮，每组发光功率达不到标准，验收成绩扣15分；发光效率达不到标准，验收成绩扣15分； （3）针对验收标准第（3）项功能，持续时间达不到6～8小时，验收成绩扣15分；发光持续时间内，工作电压范围不宽，达不到标准，验收成绩扣15分； （4）针对验收标准第（4）项功能，插头插电后出现冒烟、焦味、异声等故障现象，以及电路短路造成电路不能正常工作，本项验收成绩为0分； 插电后，蓄电池不能正常充电，验收成绩扣15分；充电时，开关合上，灯不亮，验收成绩扣15分	50
2	装配工艺	（1）元器件安装牢固不松动，接触良好； （2）元器件布局合理； （3）接线正确、美观、牢固，连接导线横平竖直、不交叉、不重叠 （4）整体装配符合要求	（1）元器件布局不合理，与电路其他功能模块混杂，每个元器件扣5分； （2）元器件安装松动，与面包板接触不良，每个元器件扣5分； （3）导线接线错误，每处扣10分； （4）导线连接松动，每根扣5分； （5）导线不能横平竖直，且交叉、重叠。私拉乱接情况严重者，本项成绩为0分，情况较少者，每处扣3分； （6）整体装配不符合规范，有影响电路应用性能和产品美观性等，每处扣5分	25

续表

序号	验收内容	验收标准	验收评价方案	配分方案
3	技术资料	（1）电路各部份设计的电气原理图、电路模型图制作规范、美观、整洁，无技术性错误； （2）元器件选用分析的书面报告齐全、整洁； （3）电路调试过程观察、测量和计算的记录表以及结论分析记录均完整、整洁	（1）电路各部份设计的电气原理图、电路模型图制作不规范，绘制符号与国标不符，每份扣 5 分；有技术性错误，每份扣 10 分；电气原理图、电路模型图制作不美观、不整洁，每份扣 5 分；图纸每缺一份扣 10 分； （2）元器件选用分析的书面报告不齐全，每缺一份扣 10 分，不整洁每份扣 5 分； （3）记录表以及结论分析记录的填写不完整、不整洁，每份扣 5 分，每缺一份扣 10 分	25

二、任务实施

项目一　验收报告书

项目执行部门		项目执行组	
项目安排日期		项目实际完成日期	
项目完成率		复命状态	主动复命　□
未完成的工作内容		未完成的原因	
项目验收情况综述			
验收评分		验收结果	达标□　基本达标□　不达标□　很差□
验收人签名		验收日期	

项目一　完成报告书

项目执行部门		项目执行组	
项目执行人		报告书编写时间	
项目安排日期		项目实际完成日期	
项目实施任务 1：项目实施文件制定及工作准备	内容概述		
	完成结果		
	分析结论		
项目实施任务 2：单组 LED 灯工作电路的设计、制作与调试	内容概述		
	完成结果		
	分析结论		
项目实施任务 3：两组 LED 灯工作电路的设计、制作与调试	内容概述		
	完成结果		
	分析结论		
项目实施任务 4：三组 LED 手电筒照明电路的设计、制作与调试以及整体装配	内容概述		
	完成结果		
	分析结论		

<table>
<tr><td rowspan="3">项目实施任务5：
成果验收以及验收报告和项目完成报告的制定</td><td>内容概述</td><td></td></tr>
<tr><td>完成结果</td><td></td></tr>
<tr><td>分析结论</td><td></td></tr>
<tr><td colspan="3">项目工作小结：（本项目已经完成，对于项目的实施需要哪些知识及技能以及对项目的实施有什么看法、建议或体会，请编写出项目工作小结，若字数多可另附纸）</td></tr>
</table>

三、工作评价

任务五　任务完成过程考评表

序号	评价内容	评价要求	评价标准	配分	得分
1	工作态度	认真完成任务，严格执行验收标准、遵章守纪、表现积极	按照拟定的平时表现考核表相关标准执行	10	
2	成果验收	认真按照验收标准完成成果验收	（1）成果验收未按标准进行，每处扣10分； （2）成果验收过程不认真，每处扣10分	20	
3	成果验收报告书制定	认真按照要求规范、完整地填写好成果验收报告书	（1）报告书填写不认真，每处扣10分； （2）报告书各条目未按要求规范填写，每处扣10分； （3）报告书各条目内容填写不完整，每处扣10分	20	
4	项目完成报告书制定	认真按照要求规范、完整地填写好项目完成报告书	（1）报告书填写不认真，每处扣10分； （2）报告书各条目未按要求规范填写，每处扣10分； （3）报告书各条目内容填写不完整，每处扣10分； （4）无项目工作小结，扣30分； （5）项目工作小结撰写的其他情况，参考（1）～（3）评分	50	
4	合计				
5	备注				

思考与练习

1．填空题

1）电路的工作状态有__________、__________和__________。

2）电路是为了完成某一任务、某种需要由某些电气设备或元件按一定方式组合起来的的通路。

3）流过电阻的电流与其两端电压成__________，与电阻值成__________，这就是__________。

4）电源是提供能量的装置，它的功能是________________________________。

5）理想电压源有称为恒压源，它的端电压是__________，流过它的电流由__________来决定。

6）电路主要由__________、__________、__________三部分组成。

7）实验证明，在一定的温度下，导体电阻和导体材料有关，同时均匀导体的电阻与导体的成正比，而与导体的__________成反比。

8）电路的主要任务是__________、__________和__________电能。

9）电源电动势的方向规定为在电源内部，由__________端指向__________端即为电位升高方向。

10）已知 $U_{AB}=10V$，若选 B 点为参考点，则 $V_A=$__________V，$V_B=$__________V。

11）在并联电路中，等效电阻的倒数等于各电阻倒数__________。并联的的电阻越多，等效电阻值越__________。

2．选择题

1）两只白炽灯的额定电压为 220V，额定功率分别为 100W 和 25W，下面结论正确的是（　　）。

A．25W 白炽灯的灯丝电阻较大　　B．100W 白炽灯的灯丝电阻较大

C．25W 白炽灯的灯丝电阻较小

2）图示电路中 R_1 增加时电压 U_2 将（　　）。

A．不变　　B．减小　　C．增加

3）通常电路中的耗能元件是指（　　）。

A．电阻元件　　B．电感元件　　C．电容元件　　D．电源元件

4）用具有一定内阻的电压表测出实际电源的端电压为 6V，则该电源的开路电压比 6V（　　）。

A．稍大　　B．稍小　　C．严格相等　　D．不能确定

5）图示电路中电流 I 等于（　　）。

A．$(U-E)/R$　　B．$(U+E)/R$　　C．$(-U-E)/R$　　D．$(-U+E)/R$

6）图示电路中电流 I 等于（　　）。

A．$(U+E)/R$　　B．$(-U-E)/R$　　C．$(U-E)/R$　　D．$(-U+E)/R$

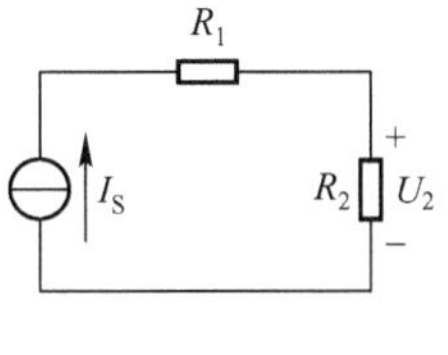

选择题 2）图 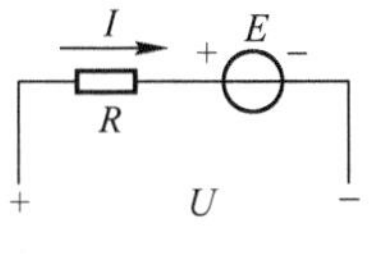　　选择题 5）图 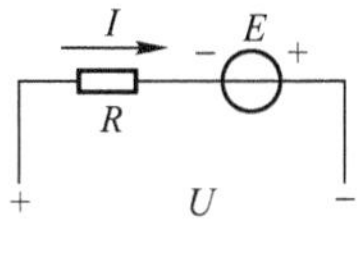　　选择题 6）图

7）图示电路中 $U_{ab}=0$，试求电流源两端的电压 U_S 为（　　）V。

A．40　　B．-60　　C．60　　D．-40

8）图示电路中 $U_{ab}=0$，试求电流源两端的电压 U_S 为（　　）V。

A．60　　B．-60　　C．40　　D．-40

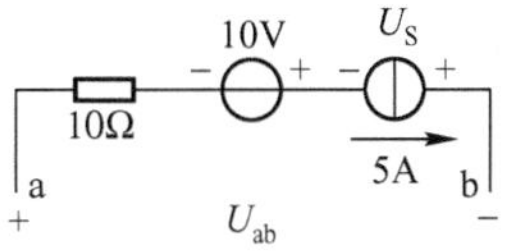

选择题 7）图 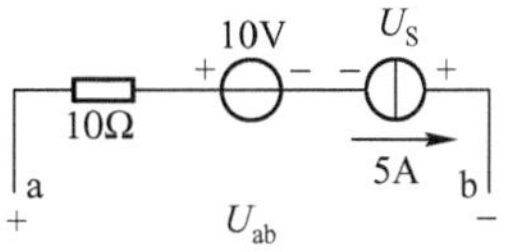　　选择题 8）图

9）通常所说负载减小，是指负载的（　　）减小。

A．功率　　B．电压　　C．电阻

10）图示电路的输出端开路，当电位器滑动触点移动时，输出电压 U 变化的范围为（　　）。

A．1～4V　　B．1～5V　　C．0～4V　　D．0～5V

11）图示电路的输出端开路，当电位器滑动触点移动时，输出电压 U 变化的范围为（　　）。

A．0～3V　　B．0～5V　　C．0～4V

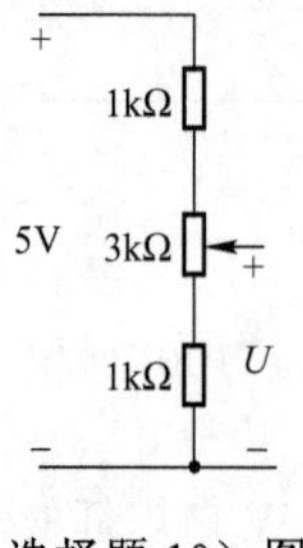

选择题 10）图

选择题 11）图

12）在下列规格的电灯泡中，电阻最大的是规格（　　）。

A．15W、220V　　B．60W、220V　　C．40W、220V　　D．100W、220V

13）在图示电路中，电压与电流关系式，正确的为（　　）。

A．$U=E-IR$　　B．$U=E+IR$　　C．$U=-E+IR$　　D．$U=-E-IR$

14）在图示电路中，电压与电流关系式，正确的为（　　）。

A．$U=E+IR$　　B．$U=E-IR$　　C．$U=-E+IR$　　D．$U=-E-IR$

15）电压是（　　）。

A．两点之间的物理量，且与零点选择有关

B．两点之间的物理量，与路径选择有关

C．两点之间的物理量，与零点选择和路径选择都无关

D．以上说法都不对

16）图中 2V 电压源对（　　）。

A．回路中电流大小有影响　　B．电流源的功率有影响

C．电流源的电压无影响　　D．以上说法都不对

17）在测定电源的电动势和内电阻的实验中，待测电源、电键和导线，配合下列哪组仪器，可以达到实验目的（　　）。

A．一只电流表和一个电阻箱　　B．一只电流表、一只电压表和一个滑动变阻器

C．一只电压表和一个电阻箱　　D．一只电流表和一个滑动变阻器

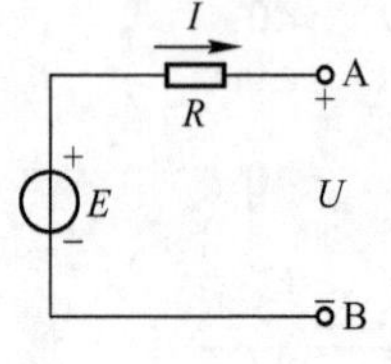
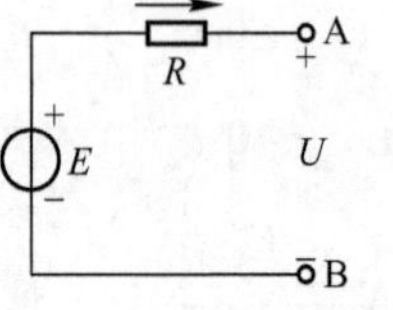

选择题 13）图

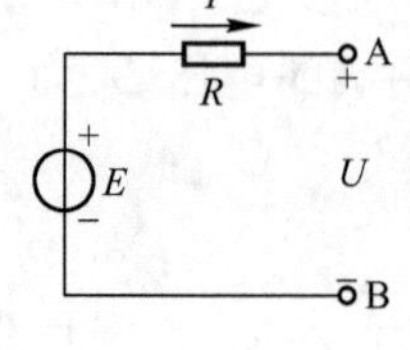

选择题 14）图

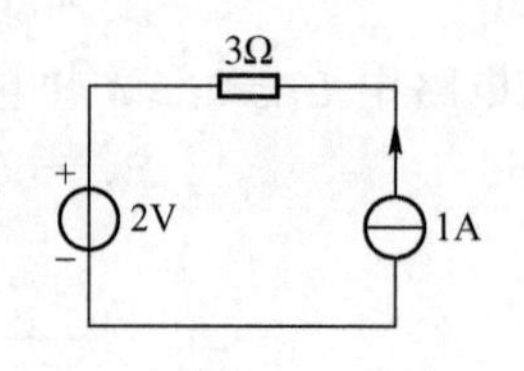

选择题 16）图

3．思考题

1）串联电阻电路有哪几个特点?

2）并联电阻电路有哪几个特点?

3）今有220V、40W和220V、100W的灯泡一只，将它们并联在220V的电源上哪个亮？为什么？若串联后在接到220V电源上，哪个亮？为什么？

4）用伏安法测量一定值电阻的实验，现有的器材规格如下：

（1）待测电阻 R_x（约100Ω）；

（2）直流毫安表 A_1（量程0～10mA，内阻50Ω）；

（3）直流毫安表 A_2（量程0～30mA，内阻40Ω）；

（4）直流电压表 V_1（量程0～4V，内阻5kΩ）；

（5）直流电压表 V_2（量程0～10V，内阻10kΩ）；

（6）直流电源（输出电压4V，内阻不计）；

（7）滑动变阻器（阻值范围0～15Ω，允许最大电流1A）；

（8）开关一个和导线若干。

根据器材的规格和实验要求，为使实验结果准确，直流毫安表、直流电压表应分别选用哪一种？电流表应采用什么接法，滑动变阻器又采用什么接法？

5）某电压表的内阻在20～50kΩ之间，现要测量其内阻，实验室提供下列可选用的器材：

待测电压表 V：量程 0～3V；电流表 A_1：量程 0～200μA；电流表 A_2：量程 0～5mA；电流表 A_3：量程 0～0.6A；滑动变阻器 R：最大阻值 1kΩ；电源 E:电动势 4V；开关 S 和导线若干。

（1）所提供的电流表中，应选用哪一种？

（2）为了尽量减小误差，要求测多组数据，画出符合要求的实验电路。

6）一只小灯泡，标有“3V 0.6W”字样。用给出的器材（滑动变阻器最大阻值为 10Ω；电源电动势为 6V，内阻为 1Ω；电流表有 0.6A、3A 两个量程；电压表有 3V、15V 两个量程）要求测量小灯泡正常发光时的电阻 R_1 和不发光时的电阻 R_2。

（1）实验时电流表和滑动变阻器接法有何要求？

（2）电压表、电流表应分别选用何量程？

7）测定电流表内电阻的实验中备用的器件有：

A．电流表（量程 0～100μA）　　B．标准电压表（量程 0～5V）

C．电阻箱（阻值范围 0～99999Ω）　　D．电阻箱（阻值范围 0～9999Ω）

E．电源（电动势 2V，有内阻）　　F．电源（电动势 6V，有内阻）

G．滑动变阻器（阻值范围 0～50Ω，额定电流 1.5A）

H．还有若干开关和导线

（1）分析完成下面三个要求：

① 连接实验电路，测定电流表的内电阻并且要想得到较高的精确度，那么从以上备用的器件中，可变电阻 R_1 应选用（　　），可变电阻 R'应选用（　　），电源应选用（　　）。（用字母代号填写）

② 实验时要进行的步骤有：

A．合上 S_1　　B．合上 S_2

C．观察 R_1 的阻值是否最大。如果不是，将 R_1 的阻值调至最大

D．调节 R_1 的阻值，使电流表指针偏转到满刻度

E．调节 R'的阻值，使电流表指针偏转到满刻度的一半

F．记下 R'的阻值

把以上步骤的字母代号按实验的合理顺序填写在括号内（　　）；

③ 如果在步骤 F 中所得 R'的阻值为 600Ω，则图中电流表的内电阻 R_g 的测量值为（　　）。

（2）如果要将第（1）小题中的电流表改装成量程为 0～5V 的电压表，则改装的方法是将电

流表（　　）联一个阻值为（　　）Ω的电阻。

4. 计算题

1）如下图所示电路，求I，U_{ab}。

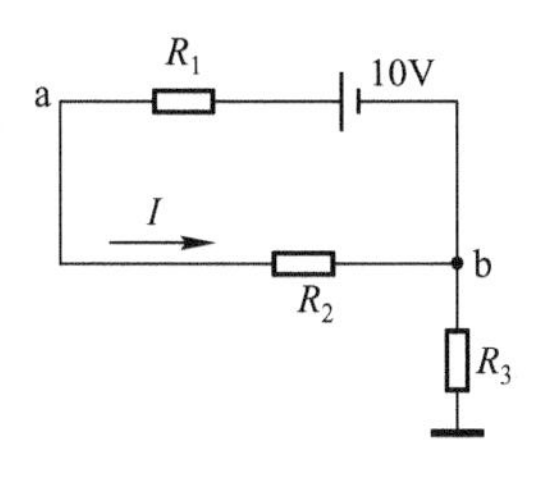

计算题1）图

2）有人认为负载电流大的一定消耗功率大。一个220V、40W的灯泡比手电筒的电珠（2.5V、0.3A）要亮得多，计算出灯泡中的电流及小电珠的功率，进行比较，并加以说明。

3）求如下所示各图中电路的电压U及电流I，并计算各元件消耗或发出的功率。

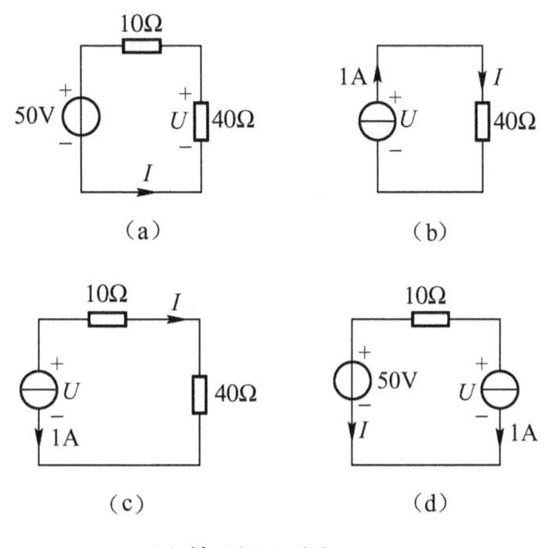

计算题3）图

4）图中已知AB段电路产生功率为500W，BC、CD、DA三段电路消耗的功率分别为50W、400W和50W，试根据图中所示电流方向和大小，标出各段电压的真实极性，并计算电压U_{AB}、U_{BC}、U_{DC}、U_{DA}。

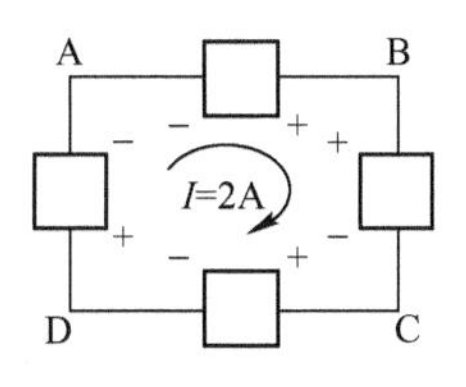

计算题4）图

5）题图所示电路，若以 B 点为参考点。求 A、C、D 三点的电位及 U_{AC}、U_{AD}、U_{CD}。若改 C 点为参考点，再求 A、C、D 点的电位及 U_{AC}、U_{AD}、U_{CD}。

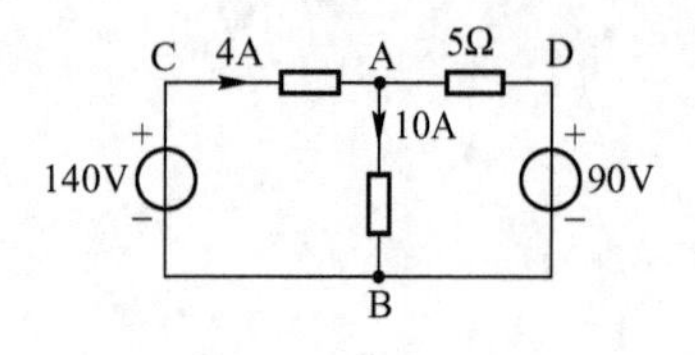

计算题 5）图

6）试求图所示电路中每个元件的功率。

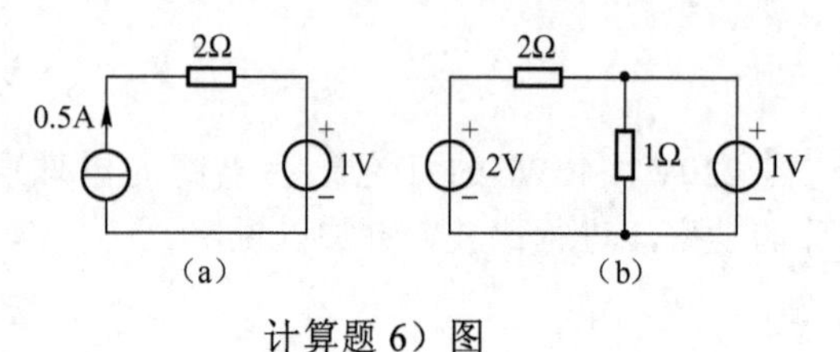

计算题 6）图

7）试求图中各电路的电压 U，并讨论其功率平衡。

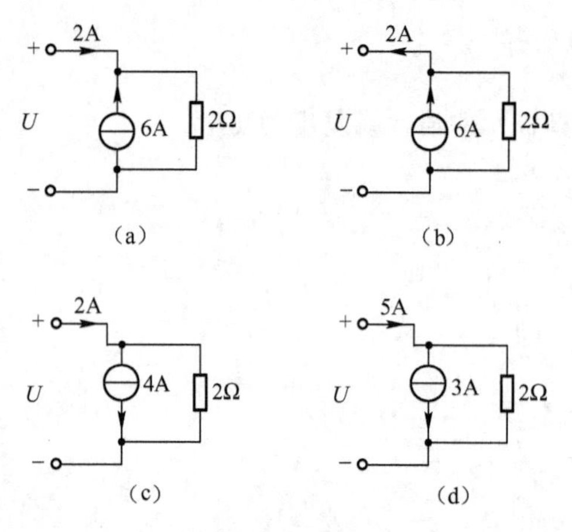

计算题 7）图

8）如图所示，安培表 A_1、A_2、A_3 的读数分别为 0.3A、0.4A、0.6A，则通过电阻 R_1、R_2、R_3 的电流分别是多少？（安培表内阻不计）

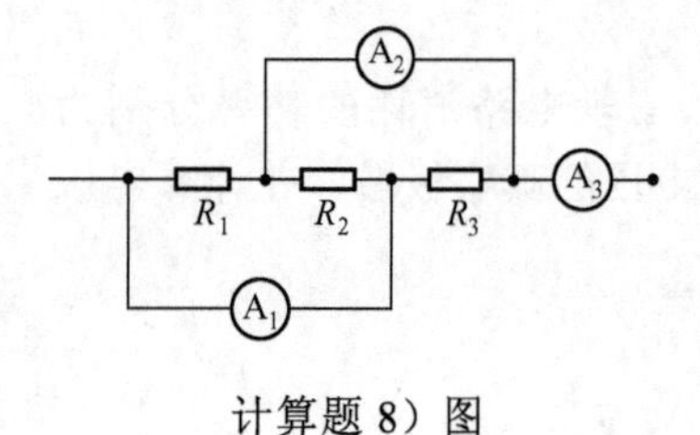

计算题 8）图

9）如图所示，要将一个满刻度偏转电流 I_g 为 50mA、电阻 R_g 为 2kΩ的电流表，制成量程为 50V/100V 的直流电压表，应串联多大的附加电阻 R_1、R_2？

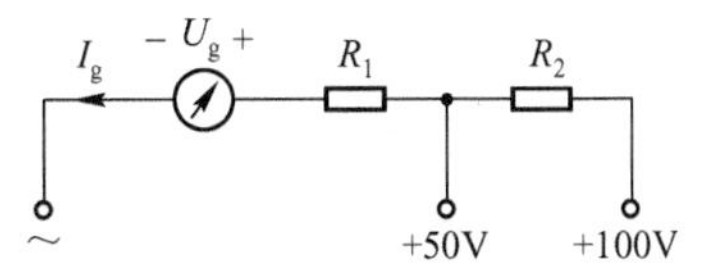

计算题 9）图

10）如图所示，要将一个满刻度偏转电流 I_g=50mA、内阻 R_g=2kΩ的表头制成量程为 50mA 的直流电流表，并联分流电阻 R_s 应多大？

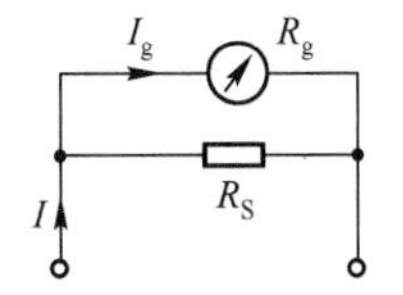

计算题 10）图

11）化简如图所示电路。

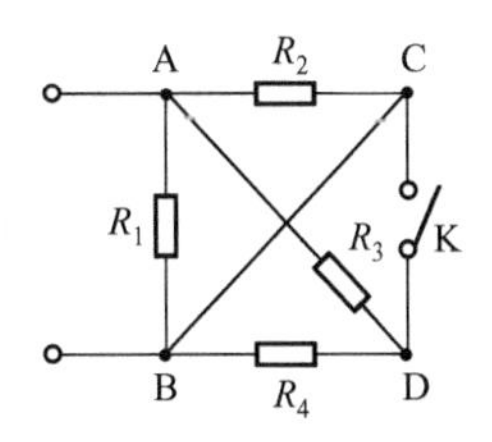

计算题 11）图

12）如图所示电路，R_1=60W，R_2=20W，R_3=20W，R_4=20W，R_5=20W，试求 A、B 间等效电阻 R_{AB}。

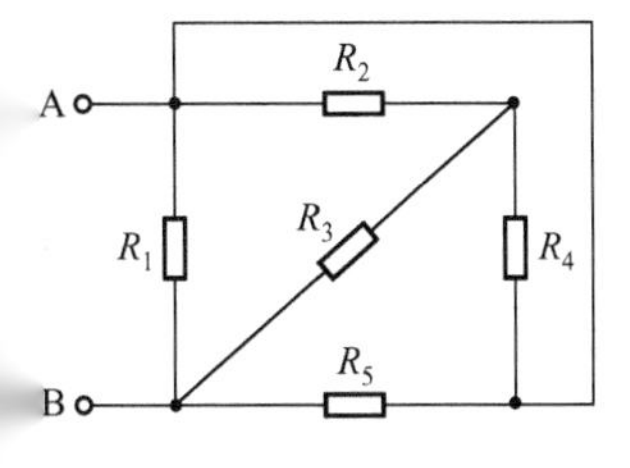

计算题 12）图

13）如图所示电阻电路，已知 R_1=60Ω，R_2=40Ω，R_3=40Ω，U=80V。求电路总电阻，电流 I、I_2、I_3、U_1 和 U_2。

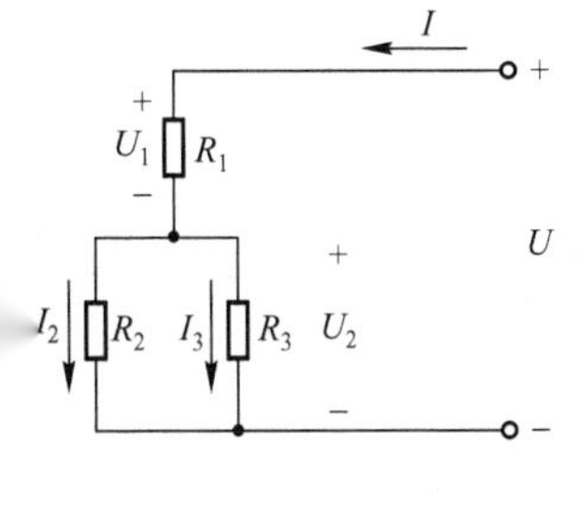

计算题 13）图

项目二　电桥电路的设计、制作与调试

任务一　项目实施文件制定及工作准备

一、项目实施文件制定

1. 项目工作单

参考教材表 1.1.1，各项目小组完成项目工作单的填写。

项目二　工作单

<table>
<tr><td>项目编号</td><td colspan="2">XMZX-JS-20□□□□□□</td><td>项目名称</td><td>电桥电路的设计、制作与调试</td></tr>
<tr><td rowspan="3">项目等级</td><td colspan="4">宽松（　）　一般（　）　较急（　）　紧急（　）　特急（　）</td></tr>
<tr><td colspan="4">不重要（　）　普通（　）　重要（　）　关键（　）</td></tr>
<tr><td colspan="4">暂缓（　）　普通（　）　尽快（　）　立即（　）</td></tr>
<tr><td>项目发布部门</td><td colspan="2"></td><td>项目执行部门</td><td></td></tr>
<tr><td>项目执行组</td><td colspan="2"></td><td>项目执行人</td><td></td></tr>
<tr><td>项目协办人</td><td colspan="2"></td><td>协办人职责</td><td>协助任务组长认真完成工作任务</td></tr>
<tr><td>项目工作
内容描述</td><td colspan="4"></td></tr>
<tr><td>项目实施步骤</td><td colspan="4"></td></tr>
<tr><td>计划开始日期</td><td colspan="2"></td><td>计划完成日期</td><td></td></tr>
<tr><td rowspan="6">工时定额</td><td></td><td colspan="3"></td></tr>
<tr><td></td><td colspan="3"></td></tr>
<tr><td></td><td colspan="3"></td></tr>
<tr><td></td><td colspan="3"></td></tr>
<tr><td></td><td colspan="3"></td></tr>
<tr><td></td><td colspan="3"></td></tr>
<tr><td>理解与承诺</td><td colspan="4">执行人（签字）：
年　月　日</td></tr>
<tr><td>备注</td><td colspan="4"></td></tr>
</table>

* 备注：表中 1 工时在组织教学时，可与 1 课时对等，以下同。

2. 生产工作计划

3. 组织保障和安全技术措施

4. 人员安排方案

二、工作准备

1）项目实施材料、工具、生产设备、仪器仪表等准备（　　）

每个项目小组参照教材表 2.1.1 物资清单准备。

2）技术资料准备（　　）

《电子元器件选用手册》或《电工手册》一本。

三、工作评价

任务一　任务完成过程考评表

序号	评价内容	评 价 要 求	评 价 标 准	配分	得分
1	学习表现	认真完成任务，遵章守纪、表现积极	按照拟定的平时表现考核表相关标准执行	20	
2	项目实施文件	项目实施文件数量齐全、质量合乎要求	项目工作单、生产工作计划、组织保障、安全技术措施、人员安排方案等项目实施文件每缺一项扣 20 分； 项目实施文件制定质量不合要求，有一项扣 10 分	40	
3	项目实施工作准备	积极认真按照要求完成项目实施的各项准备工作	有一项未准备扣 20 分； 有一项准备不充分扣 10 分	40	
4	合计				
5	备注				

任务二　不平衡电桥电路的设计、制作与调试

一、任务准备

（一）知识答卷

任务二　知识水平测试卷

1. 填空题

1）由一个或几个元件首尾相接构成的无分支电路叫做________；三条或三条以上支路汇聚

的点叫做________；任一闭合路径叫做________。

2）在图中，I_1=________A，I_2=________A。

3）在图中，电流表读数为 0.2A，电源电动势 E_1=12V，外电路电阻 R_1=R_3=10Ω，R_2=R_4=5Ω，则 E_2=________V。

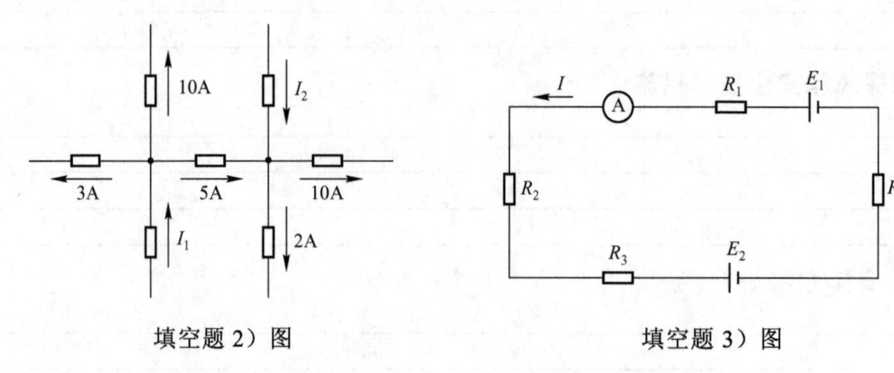

填空题 2）图　　　　填空题 3）图

4）在分析和计算电路时，常任意选定某一方向作为电压或电流的________，当选定的电压或电流方向与实际方向一致时，则为________值，反之则为________值。

2. 选择题

1）在图中，电路的节点数为（　　）。

① 2 个　　② 4 个　　③ 3 个　　④ 1 个

2）上题中电路的支路数为（　　）。

① 3 条　　② 4 条　　③ 5 条　　④ 6 条

3）在图中，I_1 和 I_2 的关系是（　　）。

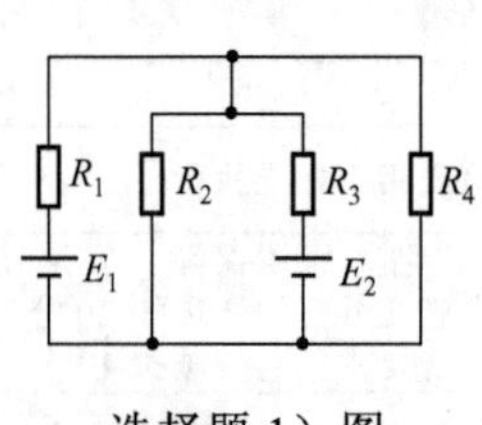

选择题 1）图

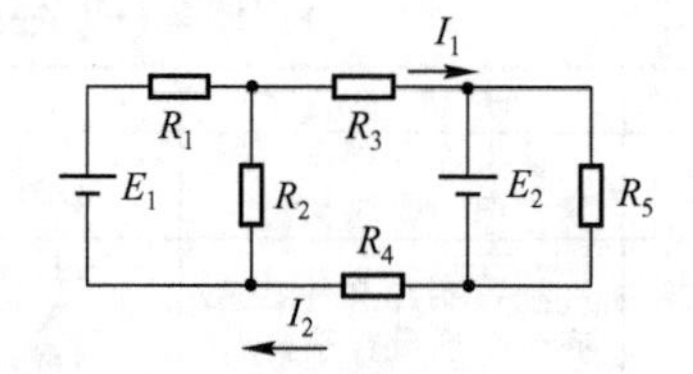

选择题 3）图

① $I_1 > I_2$　　② $I_1 < I_2$　　③ $I_1 = I_2$　　④ 不能确定

4）电路如图所示，R_1=R_2=5Ω，E=（　　）。

① -40V　　② 40V　　③ 20V　　④ 0

5）电路如图所示，电流 I、电压 U、电动势 E 三者之间的关系为（　　）。

① $U=E-RI$　　② $E=-U-RI$　　③ $E=U-RI$　　④ $U=-E+RI$

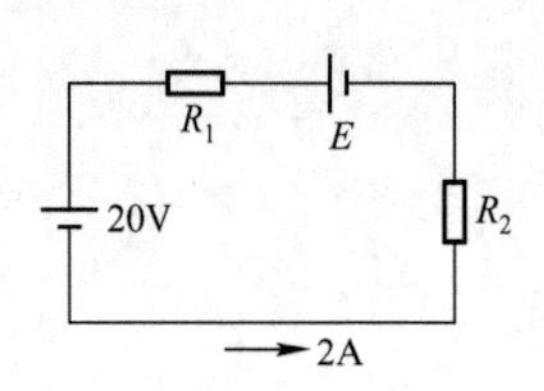

选择题 4）图

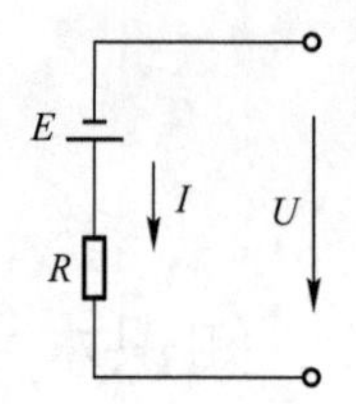

选择题 5）图

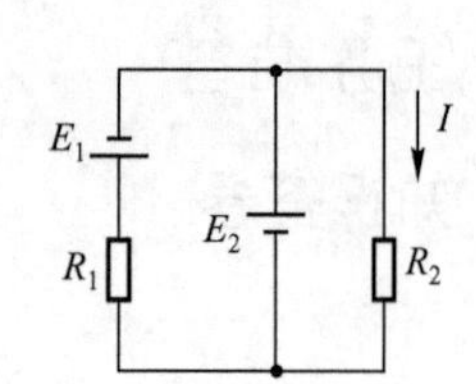

选择题 6）图

6）电路如图所示，$R_1=R_2=5\Omega$，$E_1=E_2=10V$，$I=$（　　）。

① 4A　　② 2A　　③ 0　　④ −2A

3. 判断题

1）基尔霍夫电流定律仅适用于电路中的节点，与元件的性质有关。（　　）

2）基尔霍夫定律不仅适用于线性电路，而且对非线性电路也适用。（　　）

3）基尔霍夫电压定律只与元件的相互连接方式有关，而与元件的性质无关。（　　）

4）任一瞬时从电路中某点出发，沿回路绕行一周回到出发点，电位不会发生变化。（　　）

5）按任一闭合路径为回路列写的方程都是独立的。（　　）

4. 计算题

1）如图所示电路，求各支路的电流及端电压。

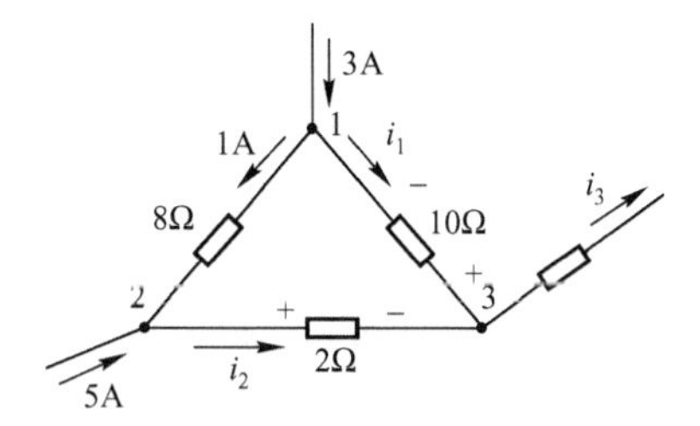

计算题 1）图

2）求如图所示电路端口电压 U_{AB}。

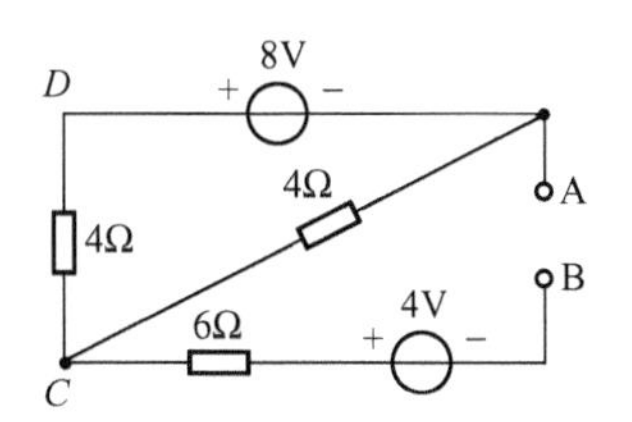

计算题 2）图

3）用戴维南定理求图所示电路中电阻 R_L 上的电流 I。

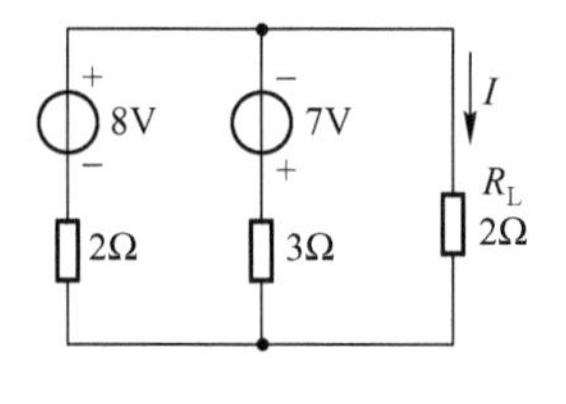

计算题 3）图

4）电路中某两端开路时，测得两端的电压为 10V，此两端短接时，通过短路线上的电流是 2A，求此两端接上 5Ω电阻时，通过电阻中的电流应为多大？

（二）知识学习考评成绩

任务二 知识学习考评表

序号	评价内容	评价要求	评价标准	配分	得分
1	学习表现	认真完成任务，遵章守纪	按照拟定的平时表现考核表相关标准	15	
2	学习准备	认真按照规定内容，作好学习准备工作	学习准备事项不全，一项扣5分	10	
3	积极性、创新性	积极认真按照要求完成学习内容，并进行创新性学习	积极性、创新性有一项缺乏扣5分	10	
4	知识水平测试卷	按时、认真、正确完成答卷	（1）填空题未做或做错，每空扣1分； （2）选择题未作或做错，每题扣2分； （3）判断题未作或做错，每题扣1分； （4）计算题未作或做错，每题扣6分，解答不全，每题扣3分	50	
5	课后作业	认真并按时完成课后作业	（1）作业缺题未做，一题扣3分； （2）作业错误，一题扣2分，累计最多不超过10分； （3）作业解答不全或部分错误，一题扣1分，累计最多不超过10分； （4）作业未做，本项成绩为0分	15	
6	合计				
7	备注				

二、任务实施

1. 电路设计

设计不平衡电桥电路及其调试电路，绘制电路原理图、调试电路电气原理图和印制板图，并正确选用元器件。

1）参照图2.2.12，设计不平衡电桥电路，绘制电路原理图。

2）为了调试时，测试电桥工作特性的方便，在设计的电路中用一个调试电位器 R_g 和一只直流毫安表（用接线柱外接入）、一个开关 S_1 串接接在B、D端口之间；用一个开关 S_2 和一个可调电位器 R_4（用接线柱外接入）串接接在B、C端口之间，B、C端口并各用一个接线柱引出以便外接 R_x（传感器等电路的输出）；电桥电源采用一组电池盒（用接线柱外接入）与一个开关 S_3 串接接在A、C端口之间，再用一个开关 S_4 并接在A、C端口之间。标准电阻器 R_1、R_2、R_3 均采用接线柱由外部接入。直流电压的测量采用万用表，测量电压时接入电路。实物接线图参照主教材图 2.2.16。正确绘制调试电路的电气原理图和印制板图。

3）各项目小组在预先准备的元器件中选用电路的组成器件，讨论分析元器件选用的理由，写出书面设计选用过程。

2. 不平衡电桥电路印制线路板制作和线路连接

1）印制线路板制作。

2）电路连接。

3. 不平衡电桥电路调试

1）验证分析不平衡电桥输出端口外特性是否满足戴维南定理。

（1）测量电桥输出端口（即 B、D 两端）开路电压 U_{oc}。

（2）测量电桥输出端口的戴维南等效电阻 R_o。

（3）改变 R_g，测量端口电压 U（即 U_0）与端口电流 I。

表 2.2.1 数据记录表

U_{oc} =________ R_o =________

R_g（Ω）								
U（V）								
I（mA）								

（4）数据处理：在预先准备的方格纸上，合理选择坐标间隔，根据测试的电压和电流数值，在方格纸坐标系上找到各点，用平滑曲线连接各点，注意测点应均匀离散的分布在曲线两侧。绘制电桥输出端口的外特性曲线。

分析外特性曲线是否满足线性关系，若满足线性关系，根据直线关系，在方格纸坐标系上求出开路电压 U_{oc} 和等效电阻 R_o，并与表 2.2.1 中测量数值比较，给出分析报告。

分析报告：

2）验证分析不平衡电桥电路各节点、各网孔是否满足 KCL、KVL。

表 2.2.2 数据测算分析记录表

测算量 / 测算及验证	R_1=		R_2=		R_3=		R_4=		R_g=		U_s=
	U_1（V）	I_1（mA）	U_2（V）	I_2（mA）	U_3（V）	I_3（mA）	U_4（V）	I_4（mA）	U_g（V）	I_g（mA）	I_S（mA）
测算值											
节点 A，ΣI，验证 KCL											
节点 B，ΣI，验证 KCL											
节点 C，ΣI，验证 KCL											
节点 D，ΣI，验证 KCL											
网孔 ABD，ΣU，验证 KVL											
网孔 BCD，ΣU，验证 KVL											
网孔 ACD，ΣU，验证 KVL											

3）用不平衡电桥测量热敏电阻的温度特性（条件不具备，本项调试内容可选做）。

表 2.2.3　热敏电阻温度特性数据测量记录表

t（℃）	0	5	10	15	20	25	30	35	40	45	50
I_g（μA）											
R_t（Ω）											

在方格纸上绘 R_t～t 关系曲线，根据热敏电阻 0℃和 50℃时的阻值，计算其材料常数 B 和室温下的电阻温度系数 α，分析热敏电阻温度特性，判断是 PTC 型还是 NTC 型。

4）用自制的不平衡电桥测量光敏电阻阻值与光照强度的关系：

（1）暗室制作。

（2）测量不平衡电桥输出电流和光敏电阻值。

（3）数据分析：分别在方格纸上绘 R_x～d（孔径）关系曲线和不平衡电桥输出电流 I_g～d 关系曲线，分析光照强度对光敏电阻和电桥输出的影响，把分析简报填写在表 2.2.4 中。

表 2.2.4　光敏电阻电桥测量数据记录表

d（mm）	80	50	40	30	20	10	8	6	4
I_g（mA）									
R_x（Ω）									
分析简报：									

三、工作评价

任务二　工作过程考核评价表

序号	主要内容	考核要求	考核标准	配分	扣分	得分
1	工作准备	认真完成任务实施前的准备工作	（1）劳防用品穿戴不合规范，仪容仪表不整洁扣5分； （2）仪器仪表未调节、放置不当，每处扣2分； （3）电工实验实训装置未仔细检查就通电，扣5分； （4）材料、工具、元器件没检查或未充分准备，每件扣2分； （5）没有认真学习安全操作规程，扣2分； （6）没有进行触电抢救技能训练，扣2分； （7）没有准备好项目工作手册、记录本、方格纸和铅笔、圆珠笔、三角板、直尺、橡皮等文具，有一处扣2分	10		
2	电路设计	正确设计不平衡电桥电路，并按绘图规范要求绘制电路原理图、调试电路电气原理图和印制板图，正确选用元器件并写出书面设计过程	（1）电路设计不正确，电路模型图绘制不正确或不规范，每处扣5分； （2）调试电路设计不正确，电气原理图和印制板图绘制不正确或不规范，每处扣5分； （3）电路无书面设计报告，扣10分； （4）电路器件选择不合理，每处扣5分； （5）元器件选用书面分析过程不合理、不科学，每处扣5分	20		
3	印制线路板制作和线路连接	按照刀刻法制作工艺要求，规范、美观地制作调试电路并正确完成线路的连接	（1）违反刀刻法制作工艺要求刻制印制线路，每处扣5分； （2）刀刻制作线路不美观或违反安全制作要求，每处扣5分； （3）元器件和仪表布置不合理，每处扣5分； （4）元器件和仪表安装、焊接不牢固，每处扣5分； （5）元器件和仪表接线不正确，每处扣5分； （6）元器件和仪表接线或焊接不牢靠，每处扣5分	20		
4	调试自制的不平衡电桥电路	验证分析不平衡电桥输出端口外特性满足戴维南定理；验证分析不平衡电桥电路各节点、各网孔满足KCL、KVL；用不平衡电桥能正确测量热敏电阻的温度特性；用自制的不平衡电桥正确测量光敏电阻阻值与光照强度的关系。调试过程规范、安全，测试、观察、分析合理并能正确记录	（1）调试操作过程中，测试操作不规范，每处扣5分； （2）调试过程中，没有按要求正确记录观察现象和测试的数据，每处扣5分； （3）调试过程中，没有按要求记录完整，每处扣5分； （4）调试过程中，不能正确分析观察的现象和测试的数据，每处扣10分； （5）不能正确根据测算数据得出科学合理的结论，每处扣10分； （6）安装调试过程中，未按照注意事项的要求操作，每项扣10分	30		
5	仪器仪表、工具的简单维护	安装完毕，能正确对仪器仪表、工具进行简单的维护保养	未对仪器仪表、工具进行简单的维护保养，每个扣5分	10		
6	服从管理	严格遵守工作场所管理制度，认真实行5S管理	（1）违反工作场所管理制度，每次视情节酌情扣5～10分； （2）工作结束，未执行5S管理，不能做到人走场清，每次视情节酌情扣5～10分	10		
7	安全生产	测量过程中，违反安全生产规程，视情节酌情扣10～20分，违反安全规程出现人身、设备、仪器仪表等严重事故者，本次考核以0分计				
备　注			成　绩			
考核人（签名）				年	月	日

任务三　单臂平衡电桥电路的设计、制作与调试

一、任务准备

（一）知识答卷

任务三　知识水平测试卷

1. 如图所示电路中，已知图中 $U_{S1}=130\text{V}$，$U_{S2}=117\text{V}$，$R_1=1\Omega$，$R_2=0.6\Omega$，$R_3=24\Omega$。采用支路电流法求各支路电流。

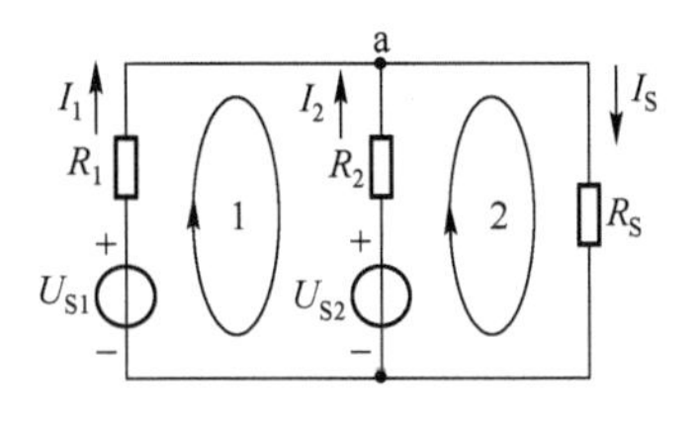

题 1 图

2. 如图所示电路中，已知图中 $R_1=3\Omega$，$R_2=2\Omega$，$U_S=13\text{V}$，$I_S=4\text{A}$。采用支路电流法求各支路电流。

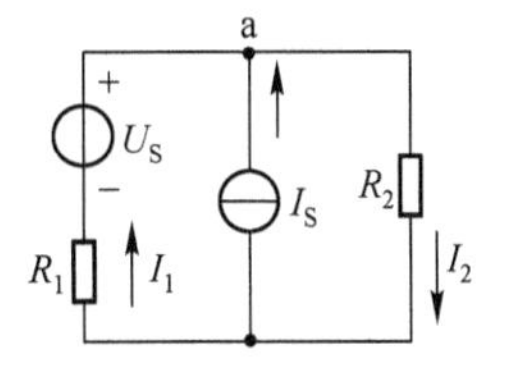

题 2 图

3. 电路如图所示，试求流经 10Ω、15Ω 电阻的电流及电流源两端的电压。

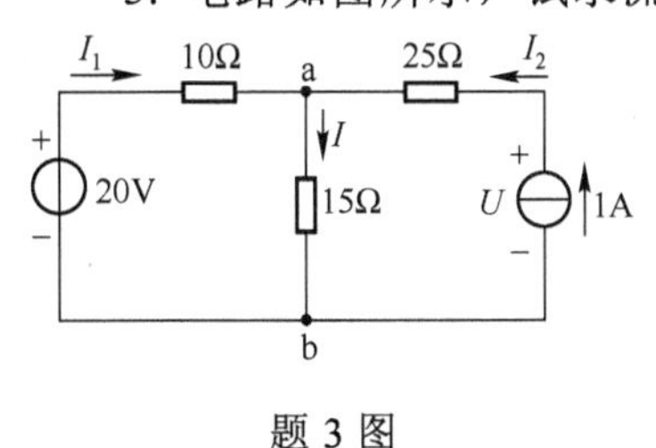

题 3 图

4. 如图所示电路，采用节点电压法求解各支路电流 I_1、I_2、I_3、I_4。

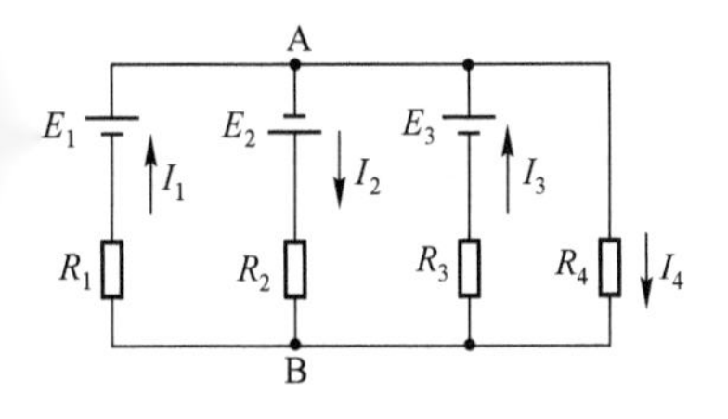

题 4 图

5. 如图所示电路，求节点电压U_A、U_B。

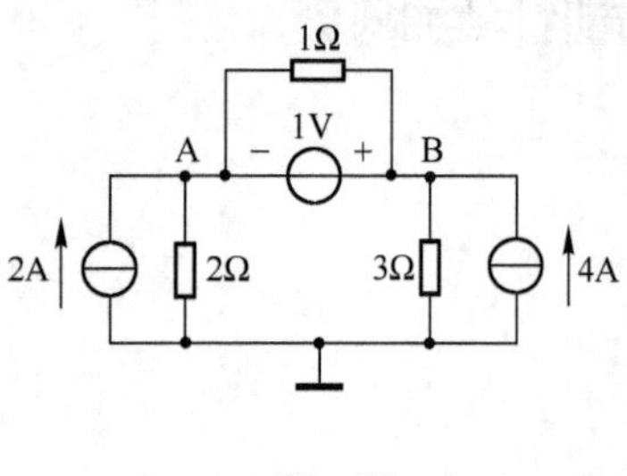

题 5 图

（二）知识学习考评成绩

任务三 知识学习考评表

序号	评价内容	评价要求	评价标准	配分	得分
1	学习表现	认真完成任务，遵章守纪	按照拟定的平时表现考核表相关标准	15	
2	学习准备	认真按照规定内容，作好学习准备工作	学习准备事项不全，一项扣 5 分	10	
3	积极性、创新性	积极认真按照要求完成学习内容，并进行创新性学习	积极性、创新性有一项缺乏扣 5 分	10	
4	知识水平测试卷	按时、认真、正确完成答卷	测试题未作或做错，每题扣 10 分，解答不全，每题扣 5 分	50	
5	课后作业	认真并按时完成课后作业	（1）作业缺题未做，一题扣 3 分； （2）作业错误，一题扣 2 分，累计最多不超过 10 分； （3）作业解答不全或部分错误，一题扣 1 分，累计最多不超过 10 分； （4）作业未做，本项成绩为 0 分	15	
6	合计				
7	备注				

二、任务实施

1. 单臂电桥电路设计

设计单臂电桥及其调试电路，绘制电路原理图、调试电路电气原理图和印制板图，并正确选用元器件。

1）参照图 2.3.5（a），设计单臂电桥电路，绘制电路原理图。

2）测量实物接线图参照图 2.3.10，正确绘制调试电路的电气原理图和印制板图。

3）各项目小组在预先准备的元器件中选用电路的组成器件，讨论分析元器件选用的理由，写出书面设计选用过程。

2．单臂平衡电桥线路连接

3．单臂平衡电桥电路调试

1）验证支路电流法和节点电压法是否适用于单臂平衡电桥电路分析：

表 2.3.2　支路电流测算分析记录表

支路电流 / 测算值	R_1= R_3=		R_2= R_x=			R_1= R_3=		R_2= R_x=		
	I_1（μA）	I_2（μA）	I_3（μA）	I_4（μA）	I_S（μA）	I_1（μA）	I_2（μA）	I_3（μA）	I_4（μA）	I_S（μA）
测量值										
计算值										
误差										
分析简报：										

表 2.3.3　节点电压测算分析记录表

节点电压 \ 测算值	R_1= R_3=	R_2= R_x=		R_1= R_3=	R_2= R_x=	
	U_A（V）	U_B（V）	U_D（V）	U_A（V）	U_B（V）	U_D（V）
测量值						
计算值						
误差						
分析简报：						

改变 R_X 接线柱两端接入的电阻器为 1.5kΩ，重新按照上述过程完成支路电流和节点电压测量，并分别记入表 2.3.2 和表 2.3.3 中。

把采用支路电流法和节点电压法进行理论分析计算的数值，也记入表中，并与测量值比较，把分析过程和分析结论以简报形式也填入表中。

2）用单臂电桥测量电阻值

表 2.3.4　电阻器阻值测量分析记录表

R_X标称值（Ω）	倍率 k（R_1/ R_2）	比较臂 R_3（Ω）	R_X测量值（Ω）
100.0			
470.0			
680.0			
1000			
2000			
2500			
单臂电桥测量精度分析：			

三、工作评价

任务三　工作过程考核评价表

序号	主要内容	考核要求	考核标准	配分	扣分	得分
1	工作准备	认真完成任务实施前的准备工作	（1）劳防用品穿戴不合规范，仪容仪表不整洁扣5分； （2）仪器仪表未调节、放置不当，每处扣2分； （3）电工实验实训装置未仔细检查就通电，扣5分； （4）材料、工具、元器件没检查或未充分准备，每件扣2分； （5）没有认真学习安全操作规程，扣2分； （6）没有进行触电抢救技能训练，扣2分； （7）没有准备好项目工作手册、记录本、方格纸和铅笔、圆珠笔、三角板、直尺、橡皮等文具，有一处扣2分	10		
2	电路设计	正确设计单臂平衡电桥电路，并按绘图规范要求绘制电路原理图、调试电路电气原理图和印制板图，正确选用元器件并写出书面设计过程	（1）电路设计不正确，电路模型图绘制不正确或不规范，每处扣5分； （2）调试电路设计不正确，电气原理图和印制板图绘制不正确或不规范，每处扣5分； （3）电路无书面设计报告，扣10分； （4）电路器件选择不合理，每处扣5分； （5）元器件选用书面分析过程不合理、不科学，每处扣5分	20		
3	印制线路板制作和线路连接	按照刀刻法制作工艺要求，规范、美观地制作调试电路并正确完成线路的连接	（1）违反刀刻法制作工艺要求刻制印制线路，每处扣5分； （2）刀刻制作线路不美观或违反安全制作要求，每处扣5分； （3）元器件和仪表布置不合理，每处扣5分； （4）元器件和仪表安装、焊接不牢固，每处扣5分； （5）元器件和仪表接线不正确，每处扣5分； （6）元器件和仪表接线或焊接不牢靠，每处扣5分	20		
4	调试自制的单臂平衡电桥电路	科学合理验证支路电流法和节点电压法适用于单臂平衡电桥分析。用自制的单臂平衡电桥正确测量电阻阻值。调试过程规范、安全，测试、观察、分析合理并能正确记录	（1）调试操作过程中，测试操作不规范，每处扣5分； （2）调试过程中，没有按要求正确记录观察现象和测试的数据，每处扣5分； （3）调试过程中，没有按要求记录完整，每处扣5分； （4）调试过程中，不能正确分析观察的现象和测试的数据，每处扣10分； （5）不能正确根据测算数据得出科学合理的结论，每处扣10分； （6）安装调试过程中，未按照注意事项的要求操作，每项扣10分	30		
5	仪器仪表、工具的简单维护	安装完毕，能正确对仪器仪表、工具进行简单的维护保养	未对仪器仪表、工具进行简单的维护保养，每个扣5分	10		
6	服从管理	严格遵守工作场所管理制度，认真实行5S管理	（1）违反工作场所管理制度，每次视情节酌情扣5～10分； （2）工作结束，未执行5S管理，不能做到人走场清，每次视情节酌情扣5～10分	10		
7	安全生产	测量过程中，违反安全生产规程，视情节酌情扣10～20分，违反安全规程出现人身、设备、仪器仪表等严重事故者，本次考核以0分计				
备　注			成　绩			
考核人（签名）			年　月　日			

任务四 双臂电桥电路的设计、制作与调试

一、任务准备

（一）知识答卷

任务四 知识水平测试卷

1. 电路如图所示，采用网孔电流法求支路电流I、$I_{2\Omega}$、$I_{4\Omega}$及电压U。

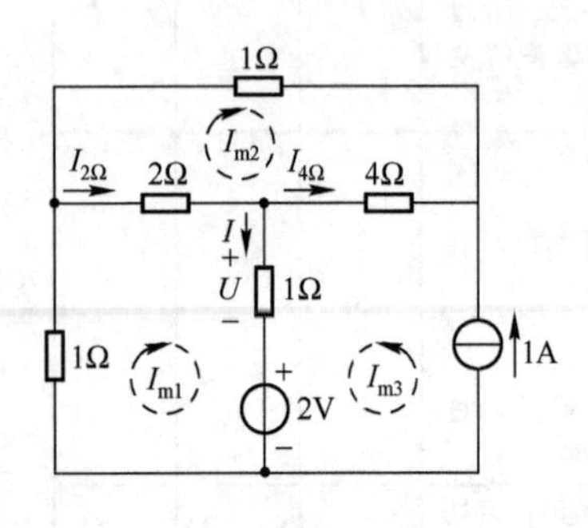

题 1 图

2. 电路如图所示，采用网孔电流法求网孔电流I_a及I_b。

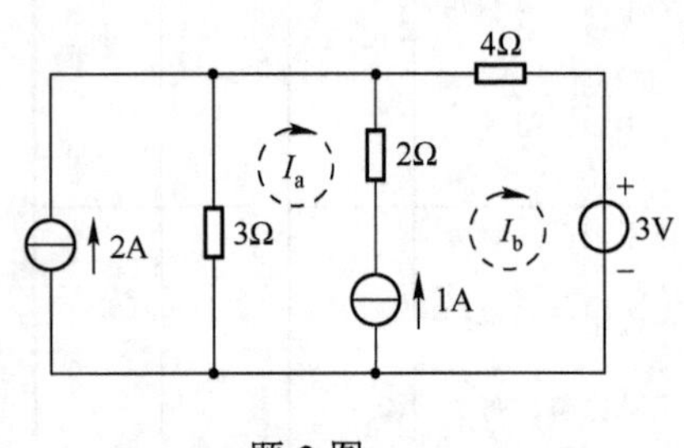

题 2 图

3. 如图所示电路，求：网孔电流I_a、I_b以及2Ω电阻消耗的功率。

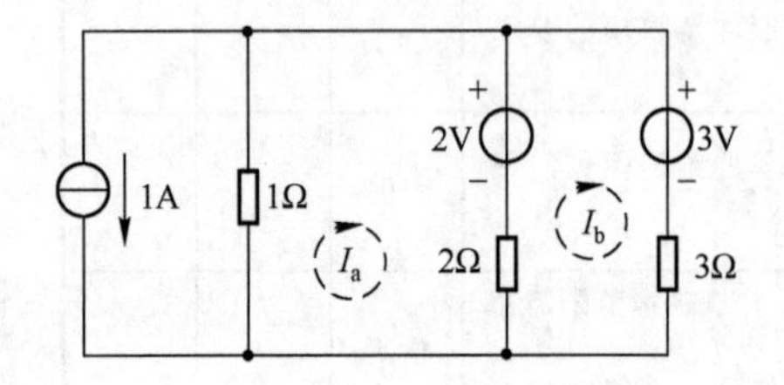

题 3 图

4. 在如图所示电路中，已知$U_{S1}=100V$，$U_{S2}=80V$，$U_{S3}=10V$，$U_{S4}=6V$，$R_1=R_2=10\Omega$，$R_3=5\Omega$，$R_4=6\Omega$，$R_5=15\Omega$，采用回路电流法计算各支路电流。

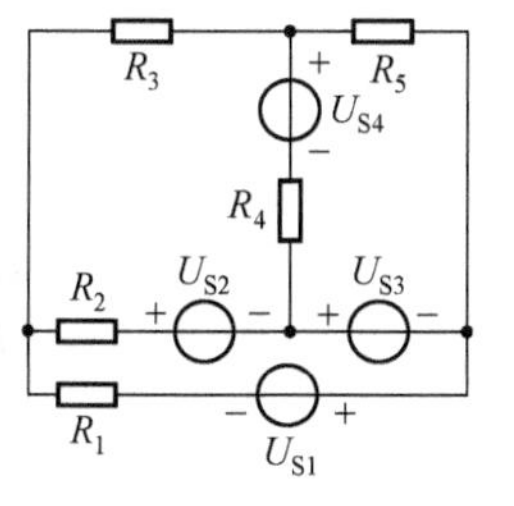

题 4 图

5. 用回路电流法，求如图所示电路中两个电流源的端电压，已知 $I_{S1}=4A$ ，$I_{S2}=5A$ ，$R_1=5\Omega$ ，$R_2=2\Omega$ ，$R_3=20\Omega$ ，$R_4=4\Omega$ 。

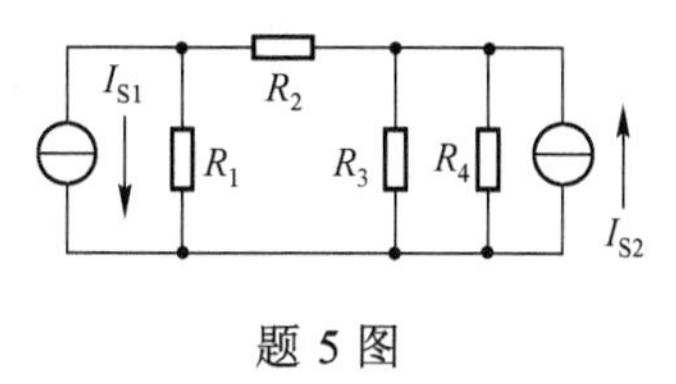

题 5 图

（二）知识学习考评成绩

任务四　知识学习考评表

序号	评价内容	评 价 要 求	评 价 标 准	配分	得分
1	学习表现	认真完成任务，遵章守纪	按照拟定的平时表现考核表相关标准	15	
2	学习准备	认真按照规定内容，作好学习准备工作	学习准备事项不全，一项扣 5 分	10	
3	积极性、创新性	积极认真按照要求完成学习内容，并进行创新性学习	积极性、创新性有一项缺乏扣 5 分	10	
4	知识水平测试卷	按时、认真、正确完成答卷	测试题未作或做错，每题扣 10 分，解答不全，每题扣 5 分	50	
5	课后作业	认真并按时完成课后作业	（1）作业缺题未做，一题扣 3 分； （2）作业错误，一题扣 2 分，累计最多不超过 10 分； （3）作业解答不全或部分错误，一题扣 1 分，累计最多不超过 10 分； （4）作业未做，本项成绩为 0 分	15	
6	合计				
7	备注				

二、任务实施

1. 电路设计

设计双臂电桥及其调试电路，绘制电路原理图、调试电路电气原理图和印制板图，并正确选用元器件。

1）参照主教材图 2.4.5，设计双臂电桥电路，绘制电路原理图。

2）为了调试时，测试双臂电桥工作特性的方便，可参照教材双臂电桥调试印制板电路图 2.4.7，正确绘制调试电路的电气原理图和印制板图。

3）各项目小组在预先准备的元器件中选用电路的组成器件，讨论分析元器件选用的理由，写出书面设计选用过程。

2．双臂平衡电桥印制板制作和调试线路连接

3．双臂电桥电路调试

1）验证网孔电流法是否适用双臂电桥平衡电路分析

表 2.4.1　网孔电流测算分析记录表

R_1= R_x=	R_2= R_N=	R_3= U_S=	R_4=
网孔 1　I_{m1}	网孔 2　I_{m2}	网孔 3　I_{m3}	网孔 4　I_{m4}

表 2.4.2 支路电流测算分析记录表

支路电流 / 测算值	I_{R1}(μA)	I_{R2}(μA)	I_{R3}(μA)	I_{R4}(μA)	I_{RX}(μA)	I_{RN}(μA)	I_r(μA)	I_S(μA)
测量值								
计算值								
误差								
分析简报：								

2）用双臂电桥测量一段金属丝的电阻率 R_X

表 2.4.3 金属丝电阻率测算和分析记录表

测算值 / 测量次数		金属丝长度 L（cm）	倍率 k（R_3/R_1）	R_N (Ω)	R_x 测量值(Ω)
第 1 次	电源 B 正接				
	电源 B 反接				
	R_x =		ρ =		
第 2 次	电源 B 正接				
	电源 B 反接				
	R_x =		ρ =		
双臂电桥测量精度分析：					

三、工作评价

任务四 工作过程考核评价表

序号	主要内容	考核要求	考核标准	配分	扣分	得分
1	工作准备	认真完成任务实施前的准备工作	（1）劳防用品穿戴不合规范，仪容仪表不整洁扣 5 分； （2）仪器仪表未调节、放置不当，每处扣 2 分； （3）电工实验实训装置未仔细检查就通电，扣 5 分； （4）材料、工具、元器件没检查或未充分准备，每件扣 2 分； （5）没有认真学习安全操作规程，扣 2 分； （6）没有进行触电抢救技能训练，扣 2 分； （7）没有准备好项目工作手册、记录本、方格纸和铅笔、圆珠笔、三角板、直尺、橡皮等文具，有一处扣 2 分	10		

续表

序号	主要内容	考核要求	考核标准	配分	扣分	得分
2	电路设计	正确设计双臂平衡电桥电路，并按绘图规范要求绘制电路原理图、调试电路电气原理图和印制板图，正确选用元器件并写出书面设计过程	（1）电路设计不正确，电路模型图绘制不正确或不规范，每处扣5分； （2）调试电路设计不正确，电气原理图和印制板图绘制不正确或不规范，每处扣5分； （3）电路无书面设计报告，扣10分； （4）电路器件选择不合理，每处扣5分； （5）元器件选用书面分析过程不合理、不科学，每处扣5分	20		
3	印制线路板制作和线路连接	按照刀刻法制作工艺要求，规范、美观地制作调试电路并正确完成线路的连接	（1）违反刀刻法制作工艺要求刻制印制线路，每处扣5分； （2）刀刻制作线路不美观或违反安全制作要求，每处扣5分； （3）元器件和仪表布置不合理，每处扣5分； （4）元器件和仪表安装、焊接不牢固，每处扣5分； （5）元器件和仪表接线不正确，每处扣5分； （6）元器件和仪表接线或焊接不牢靠，每处扣5分	20		
4	调试自制的双臂平衡电桥电路	科学合理地验证网孔电流法适用于双臂平衡电桥分析。用自制的双臂平衡电桥正确测算金属丝的电阻率。调试过程规范、安全，测试、观察、分析合理并能正确记录	（1）调试操作过程中，测试操作不规范，每处扣5分； （2）调试过程中，没有按要求正确记录观察现象和测试的数据，每处扣5分； （3）调试过程中，没有按要求记录完整，每处扣5分； （4）调试过程中，不能正确分析观察的现象和测试的数据，每处扣10分； （5）不能正确根据测算数据得出科学合理的结论，每处扣10分； （6）安装调试过程中，未按照注意事项的要求操作，每项扣10分	30		
5	仪器仪表、工具的简单维护	安装完毕，能正确对仪器仪表、工具进行简单的维护保养	未对仪器仪表、工具进行简单的维护保养，每个扣5分	10		
6	服从管理	严格遵守工作场所管理制度，认真实行5S管理	（1）违反工作场所管理制度，每次视情节酌情扣5～10分； （2）工作结束，未执行5S管理，不能做到人走场清，每次视情节酌情扣5～10分	10		
7	安全生产	测量过程中，违反安全生产规程，视情节酌情扣10～20分，违反安全规程出现人身、设备、仪器仪表等严重事故者，本次考核以0分计				
备注			成绩			
考核人（签名） 年 月 日						

任务五 成果验收以及验收报告和项目完成报告的制定

一、任务准备

任务实施前师生根据项目实施结果要求，拟定项目成果验收条款，作好成果验收准备。成果验收标准及验收评价方案如表2.5.1所示。

表 2.5.1 项目二 成果验收标准及验收评价方案

序号	验收内容	验 收 标 准	验收评价方案	配分方案
1	不平衡电桥电路的设计、制作与调试	（1）电桥电路设计科学、合理，元器件选用合理有过程。 （2）印制线路和导线接线正确、美观、合理。导线连接牢固、横平竖直、不交叉、不重叠。印制线路符合刀刻法制作工艺和步骤，制作过程安全无事故。 （3）元器件布局合理，安装牢固不松动，接触良好。 （4）电路调试操作正确、步骤得当。电路分析方法和定理验证科学合理、测量误差小、结论分析正确。电路应用性调试过程合理、测量误差小、测量结果准确，结论分析科学、合理	（1）电桥电路设计不合理，每处5分，有严重原则性错误扣20分； （2）设计时元器件选用不当，每处扣5分，有严重性错误扣15分； （3）印制线路走线或导线接线不正确、美观性差、不合理，每处扣5分； （4）调试电路印制线路板制作不符合刀刻法制作工艺要求，每处扣5分，制作过程曾出现安全事故，视情节扣5～10分； （5）元器件布局不合理，与电路其他功能模块混杂，每个元器件扣5分； （6）元器件安装松动或导线连接松动，每处扣5分；导线接线错误，每处扣10分； （7）导线连接不能横平竖直，且交叉、重叠。私拉乱接情况严重者，本项成绩为0分，情况较少者，每处扣3分； （8）电桥调试演示过程操作不当或测试误差大，每处扣10分；结论分析不科学、不合理，每处扣15分	25
2	单臂平衡电桥电路的设计、制作与调试	同1	同1	25
3	双臂平衡电桥电路的设计、制作与调试	同1	同1	25
4	技术资料	（1）电桥电路及其调试电路设计的电气原理图、电路模型图、印制板图制作规范、美观、整洁，无技术性错误； （2）元器件选用分析的书面报告齐全、整洁； （3）电路调试过程观察、测量和计算的记录表以及结论分析记录均完整、整洁	（1）电桥电路及其调试电路设计的电气原理图、电路模型图、印制板图制作不规范，绘制符号与国标不符，每份扣5分；有技术性错误，每份扣10分；电气原理图、电路模型图、印制板图制作不美观、不整洁，每份扣5分；图纸每缺一份扣10分。 （2）元器件选用分析的书面报告不齐全，每缺一份扣10分，不整洁每份扣5分； （3）记录表以及结论分析记录的填写不完整、不整洁，每份扣5分，每缺一份扣10分	25

二、任务实施

1. 成果验收

项目工作小组之间按照标准互相进行成果验收评价，并制定验收报告。第 n 组对第 $n+2$ 组评价，若 $n+2>N$（N 是项目工作小组总组数），则对第 $n+2-N$ 组进行成果验收评价。

2. 成果验收报告制定

项目二 项目验收报告书

项目执行部门		项目执行组	
项目安排日期		项目实际完成日期	
项目完成率		复命状态	主动复命 □
未完成的工作内容		未完成的原因	
项目验收情况综述			
验收评分		验收结果	达标□ 基本达标□ 不达标□ 很差□
验收人签名		验收日期	

3. 项目完成报告制定

项目二　项目完成报告书

项目执行部门		项目执行组	
项目执行人		报告书编写时间	
项目安排日期		项目实际完成日期	
项目实施任务1：项目实施文件制定及工作准备	内容概述		
	完成结果		
	分析结论		
项目实施任务2：不平衡电桥电路的设计、制作与调试	内容概述		
	完成结果		
	分析结论		
项目实施任务3：单臂平衡电桥电路的设计、制作与调试	内容概述		
	完成结果		
	分析结论		
项目实施任务4：双臂平衡电桥电路的设计、制作与调试	内容概述		
	完成结果		
	分析结论		
项目实施任务5：成果验收以及验收报告和项目完成报告的制定	内容概述		
	完成结果		
	分析结论		
项目工作小结：（本项目已经完成，对于项目的实施需要哪些知识及技能，以及对项目的实施有什么看法、建议或体会，请编写出项目工作小结，若字数多可另附纸）			

三、工作评价

任务五　任务完成过程考评表

序号	评价内容	评价要求	评价标准	配分	得分
1	工作态度	认真完成任务，严格执行验收标准、遵章守纪、表现积极	按照拟定的平时表现考核表相关标准执行	10	
2	成果验收	认真按照验收标准完成成果验收	（1）成果验收未按标准进行，每处扣10分； （2）成果验收过程不认真，每处扣10分	20	
3	成果验收报告书制定	认真按照要求规范、完整地填写好成果验收报告书	（1）报告书填写不认真，每处扣10分； （2）报告书各条目未按要求规范填写，每处扣10分； （3）报告书各条目内容填写不完整，每处扣10分	20	
4	项目完成报告书制定	认真按照要求规范、完整地填写好项目完成报告书	（1）报告书填写不认真，每处扣10分； （2）报告书各条目未按要求规范填写，每处扣10分； （3）报告书各条目内容填写不完整，每处扣10分； （4）无项目工作小结，扣30分； （5）项目工作小结撰写的其他情况，参考（1）～（3）评分	50	
4	合计				
5	备注				

知识技能拓展

知识技能拓展 1　叠加定理的验证

一、任务准备

（一）知识答卷

1．叠加定理的内容是什么？它适用于计算什么电路的参数？

2. 当用叠加定理分析线性电路时，独立电源和受控源的处理规则分别是什么？

3. 功率计算为什么不能直接利用叠加定理？

4. 用叠加定理求图所示电路中电压 U 。

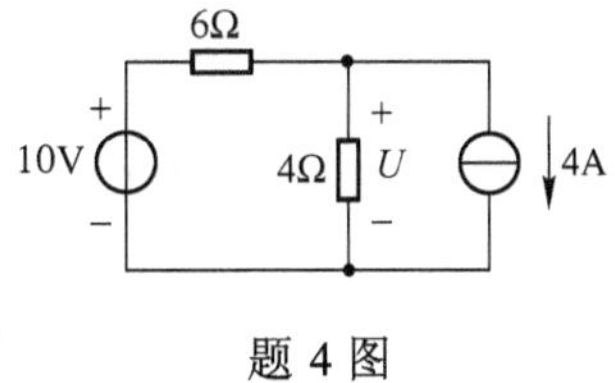

题 4 图

5. 用叠加定理求图所示电路中各支路电流，已知 $E_1 = 60V$ ， $E_2 = 40V$ ， $R_1 = 30\Omega$ ， $R_2 = R_3 = 60\Omega$ 。

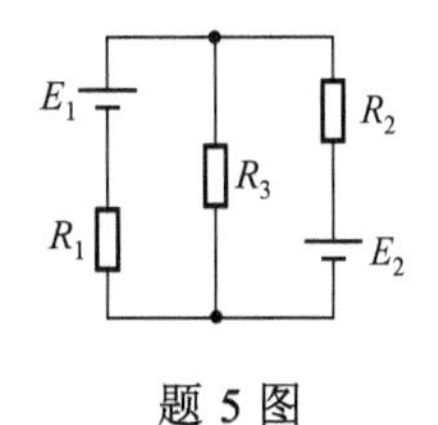

题 5 图

（二）知识学习考评成绩

知识技能拓展 1　知识学习考评表

序号	评价内容	评价要求	评价标准	配分	得分
1	学习表现	认真完成任务，遵章守纪	按照拟定的平时表现考核表相关标准	15	
2	学习准备	认真按照规定内容，作好学习准备工作	学习准备事项不全，一项扣 5 分	10	
3	积极性、创新性	积极认真按照要求完成学习内容，并进行创新性学习	积极性、创新性有一项缺乏扣 5 分	10	
4	知识水平测试卷	按时、认真、正确完成答卷	（1）未做或做错，每题扣 10 分； （2）回答不全，每题扣 5 分	50	
5	课后作业	认真并按时完成课后作业	（1）作业缺题未做，一题扣 3 分； （2）作业不全，一题扣 2 分，累计最多不超过 10 分； （3）作业错误，一题扣 1 分； （4）作业未做，本项成绩为 0 分	15	
6	合计				
7	备注				

二、任务实施

1）实验前先任意设定三条支路的电流参考方向，如教材图 2.6.4 叠加定理实验线路中的 I_1、I_2、I_3 所示，并熟悉线路结构，掌握各开关的操作使用方法。

2）取稳压电源 U_{S1}=6V，U_{S2}=12V 两电源共同作用下，测量各支路的电流及各电阻元件两端的电压。

3）U_{S1} 单独作用时，测量各支路的电流及各电阻元件两端的电压。

4）U_{S2} 单独作用时，测量各支路的电流及各电阻元件两端的电压。

将以上结果记入表 2.6.2 中。

表 2.6.2　叠加定理验证实验数据记录表

电　源	I_1（mA）	I_2（mA）	I_3（mA）	U_{R1}（V）	U_{R2}（V）	U_{R3}（V）	U_{R4}（V）	U_{R5}（V）
U_{S1}、U_{S2} 共同作用								
U_{S1} 单独作用								
U_{S2} 单独作用								

5）根据表 2.6.2 中的数据进行分析、比较、归纳总结出实验的结论验证叠加定理。

三、工作评价

知识技能拓展 1　工作过程考核评价表

序号	主要内容	考核要求	考核标准	配分	扣分	得分
1	工作准备	认真完成任务实施前的准备工作	（1）劳防用品穿戴不合规范，扣 5 分； （2）仪器仪表未调节，仪器仪表放置不当，每处扣 2 分； （3）电工实验实训装置未仔细检查就通电，扣 5 分； （4）器材、工具没检查，每件扣 2 分； （5）没有准备好项目工作手册、波形纸、记录本和铅笔、圆珠笔、三角板、直尺、橡皮等文具，有一处扣 2 分	10		
2	测量过程	测量过程准确无误	（1）电路元器件选用和联接有误，每处扣 10 分； （2）使用电工仪表测量过程中，操作错误每错 1 处扣 5 分； （3）不能正确填写实验数据记录表，每失误 1 次扣 5 分	40		
3	测量结果	测量结果在允许误差范围之内，并能正确分析结论	（1）测量结果有较大误差或错误，每处扣 10 分； （2）结论分析有误，每处扣 10 分	30		
4	仪器仪表、器材的简单维护	安装完毕，能正确对仪器仪表、器材进行简单的维护保养	未对仪器仪表、器材进行简单的维护保养，每个扣 5 分	10		
5	服从管理	严格遵守工作场所管理制度，认真实行 5S 管理	（1）违反工作场所管理制度，每次视情节酌情扣 5～10 分； （2）工作结束，未执行 5S 管理，不能做到人走场清，每次视情节酌情扣 5～10 分	10		
6	安全生产	测量过程中，违反安全生产规程，视情节酌情扣 10～20 分，违反安全规程出现人身、设备、仪器仪表等严重事故者，本次考核以 0 分计				
备　注			成　绩			
考核人（签名）　　年　月　日						

知识技能拓展 2　受控源研究

一、任务准备

（一）知识答卷

1．什么是受控源？

2．4 种受控源中的转移参量 μ、g、r 和 β 的意义是什么？如何测得？

3．若受控源控制量的极性反向，试问其输出极性是否发生变化？

4．如何由两个基本的 CCVS 和 VCCS 获得其他两个 CCCS 和 VCVS，它们的输入输出如何连接？

5．转移参量μ、g、r和β受电路中哪些参数的影响？如何改变它们的大小？

（二）知识学习考评成绩

知识技能拓展 2　知识学习考评表

序号	评价内容	评价要求	评价标准	配分	得分
1	学习表现	认真完成任务，遵章守纪	按照拟定的平时表现考核表相关标准	15	
2	学习准备	认真按照规定内容，作好学习准备工作	学习准备事项不全，一项扣 5 分	10	
3	积极性、创新性	积极认真按照要求完成学习内容，并进行创新性学习	积极性、创新性有一项缺乏扣 5 分	10	
4	知识水平测试卷	按时、认真、正确完成答卷	（1）未做或做错，每题扣 10 分； （2）回答不全，每题扣 5 分	50	
5	课后作业	认真并按时完成课后作业	（1）作业缺题未做，一题扣 3 分； （2）作业不全，一题扣 2 分，累计最多不超过 10 分； （3）作业错误，一题扣 1 分； （4）作业未做，本项成绩为 0 分	15	
6	合计				
7	备注				

二、任务实施

1．测试电压控制电压源（VCVS）特性

1）测试 VCVS 的转移特性 $U_2=f(U_1)$

调节恒压源输出电压 U_1（以电压表读数为准），用电压表测量对应的输出电压 U_2，将数据记入表 2.6.4 中。

表 2.6.4　VCVS 的转移特性数据

U_1/V	0	1	2	3	4
U_2/V					

2）测试 VCVS 的负载特性 $U_2=f(R_L)$

保持 U_1=2V，负载电阻 R_L 用电阻箱，并调节其大小，用电压表测量对应的输出电压 U_2，将数据记入表 2.6.5 中。

表 2.6.5　VCVS 的负载特性数据

R_L/Ω	1k	2k	3k	4k	5k	6k	7k	8k	9k
U_2/V									

2．测试电压控制电流源（VCCS）特性

1）测试 VCCS 的转移特性 $I_2=f(U_1)$

调节恒压源输出电压 U_1（以电压表读数为准），用电流表测量对应的输出电流 I_2，将数据记入表 2.6.6 中。

表 2.6.6　VCCS 的转移特性数据

U_1/V	0	0.5	1	1.5	2	2.5	3	3.5	4
I_2/mA									

2）测试 VCCS 的负载特性 $I_2=f(R_L)$

保持 U_1=2V，负载电阻 R_L 用电阻箱，并调节其大小，用电流表测量对应的输出电流 I_2，将数据记入表 2.6.7 中。

表 2.6.7　VCVS 的负载特性数据

R_L/Ω	1k	2k	3k	4k	5k	6k	7k	8k	9k
I_2/mA									

3．测试电流控制电压源（CCVS）特性

1）测试 CCVS 的转移特性 $U_2=f(I_1)$

调节恒流源输出电流 I_1（以电流表读数为准），用电压表测量对应的输出电压 U_2，将数据记入表 2.6.8 中。

表 2.6.8　CCVS 的转移特性数据

I_1/ mA	0	0.05	0.1	0.15	0.2	0.25	0.3	0.4
U_2/V								

2）测试 CCVS 的负载特性 $U_2=f(R_L)$

保持 I_1=0.2mA，负载电阻 R_L 用电阻箱，并调节其大小，用电压表测量对应的输出电压 U_2，将数据记入表 2.6.9 中。

表 2.6.9　CCVS 的负载特性数据

R_L/Ω	1k	2k	3k	4k	5k	6k	7k	8k	9k
U_2/ V									

4. 测试电流控制电流源（CCCS）特性

1）测试 CCCS 的转移特性 $I_2=f(I_1)$

调节恒流源输出电流 I_1（以电流表读数为准），用电流表测量对应的输出电流 I_2，I_1、I_2 分别用实验用电流插孔方板中的电流插座测量，将数据记入表 2.6.10 中。

表 2.6.10 CCCS 的转移特性数据

I_1/mA	0	0.05	0.1	0.15	0.2	0.25	0.3	0.4
I_2/mA								

2）测试 CCCS 的负载特性 $I_2=f(R_L)$

保持 I_1=0.2mA，负载电阻 R_L 用电阻箱，并调节其大小，用电流表测量对应的输出电流 I_2，将数据记入表 2.6.11 中。

表 2.6.11 CCCV 的负载特性数据

R_L/Ω	1k	2k	3k	4k	5k	6k	7k	8k	9k
I_2/mA									

5. 数据处理和分析

1）根据实验数据，在方格纸上分别绘出四种受控源的转移特性和负载特性曲线，并求出相应的转移参量μ、g、r 和 β。

2）对实验的结果作出合理地分析和结论，总结对四种受控源的认识和理解，并给出分析简报。

三、工作评价

知识技能拓展二 工作过程考核评价表

序号	主要内容	考核要求	考核标准	配分	扣分	得分
1	工作准备	认真完成任务实施前的准备工作	（1）劳防用品穿戴不合规范，扣 5 分； （2）仪器仪表未调节，仪器仪表放置不当，每处扣 2 分； （3）电工实验实训装置未仔细检查就通电，扣 5 分； （4）器材、工具没检查，每件扣 2 分； （5）没有准备好项目工作手册、波形纸、记录本和铅笔、圆珠笔、三角板、直尺、橡皮等文具，有一处扣 2 分	10		
2	测量过程	测量过程准确无误	（1）电路元器件选用和联接有误，每处扣 10 分； （2）使用电工仪表测量过程中，操作错误每错 1 处扣 5 分； （3）不能正确填写实验数据记录表，每失误 1 次扣 5 分	40		

续表

序号	主要内容	考核要求	考核标准	配分	扣分	得分
3	测量结果	测量结果在允许误差范围之内，并能正确分析结论	（1）测量结果有较大误差或错误，每处扣 10 分； （2）结论分析有误，每处扣 10 分	30		
4	仪器仪表、器材的简单维护	安装完毕，能正确对仪器仪表、器材进行简单的维护保养	未对仪器仪表、器材进行简单的维护保养，每个扣 5 分	10		
5	服从管理	严格遵守工作场所管理制度，认真实行 5S 管理	（1）违反工作场所管理制度，每次视情节酌情扣 5～10 分； （2）工作结束，未执行 5S 管理，不能做到人走场清，每次视情节酌情扣 5～10 分	10		
6	安全生产	测量过程中，违反安全生产规程，视情节酌情扣 10～20 分，违反安全规程出现人身、设备、仪器仪表等严重事故者，本次考核以 0 分计				
备注			成绩			
考核人（签名） 年 月 日						

思考与练习

1. 思考并简答题

1）讨论对于具有 n 个节点、b 条支路的电路，有几个独立的 KCL 方程？有几个独立的 KVL 方程？并举例说明。

2）电路如图所示，（1）指出节点数和支路数各等于多少？（2）确定各支路电流参考方向，并写出所有节点的 KCL 方程。（3）以网孔为回路，写出相应的 KVL 方程。

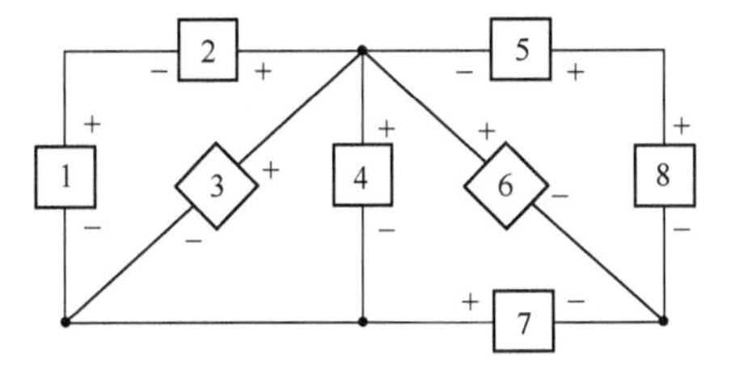

思考并简答题 2）图

3）试用 KVL 解释下述现象：电源的一端接地时，身穿绝缘服的操作人员可以带电维修线路，而不会触电。

4）当外电路的参数发生变化时，戴维南等效电路和诺顿等效电路的参数（开路电压、短路电流、等效电阻）是否发生变化？

5）测得含独立电源的二端网络的开路电压为 5V，短路电流是 50mA，若将 50Ω 的负载电阻接到二端网络上，负载上的电流与端电压各为多少？

6）含源二端网络端口两端的负载电阻何时获得最大功率？为什么？

7）如果电路中存在独立电流源，支路电流法中应当采取什么方法列 KVL 方程？

8）对于理想电压源的电路，如何用节点电压法进行电路计算？引进补充方程时，补充方程列写的方法是什么？

9）如图所示，电路有几个节点？负载电流是多少？

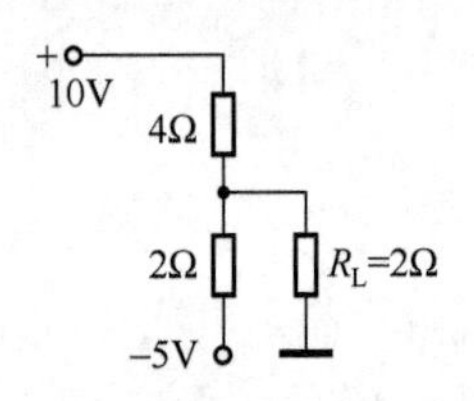

思考并简答题 9）图

10）独立回路与网孔之间关系如何？

11）对于理想电流源电路，如何用网孔电流法进行电路计算？引进补充方程时，列补充方程的方法是什么？

12）单臂平衡电桥若待测电阻 R_X 的一个接头接触不良，电桥能否调至平衡？

13）用 QJ24 型直流单臂电桥测电阻时，确定比率臂旋钮指示值的原则是什么？如果一个待测电阻的大概数值为 35kΩ，比率臂旋钮的指示值应为多少？

14）双臂电桥怎样消除附加电阻的影响？

15）如果双臂平衡电桥待测电阻的两个电压端引线电阻较大，对测量结果有无影响？

2. 计算题

1）电压、电流的参考方向如图所示，实验测得数据如下：$I_1 = I_4 = -4\text{A}$，$I_2 = I_3 = I_5 = 2\text{A}$，$U_1 = U_2 = 50\text{V}$，$U_3 = -30\text{V}$，$U_4 = -20\text{V}$，$U_5 = 15\text{V}$，$U_6 = 5\text{V}$。求：（1）标出各电流、电压的实际方向。（2）计算各元件的功率，并指出哪些是负载，哪些是电源。

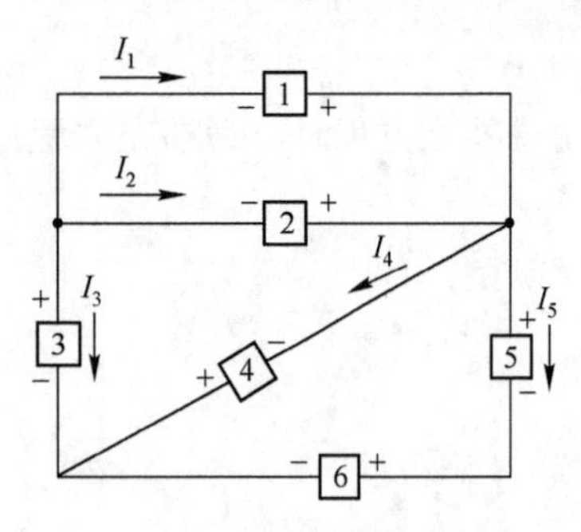

计算题 1）图

2）测量直流电压的电位计如图所示，其中 $R = 50\Omega$，$U_S = 2.5\text{V}$，当调节可变电阻器的滑动触头使 $R_1 = 55\Omega$、$R_2 = 45\Omega$ 时，检流计中无电流流过。求被测电压 U_X 值。

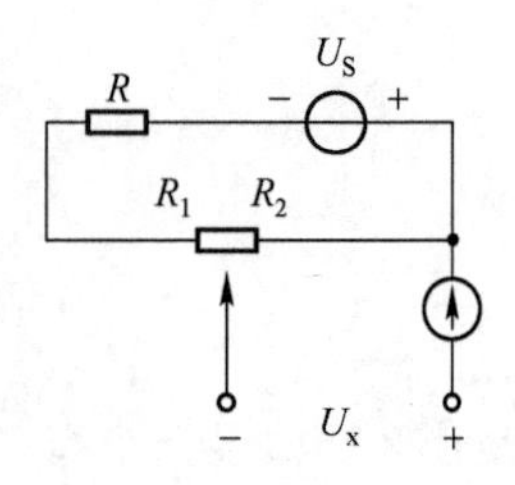

计算题 2）图

3）如图所示电路，由两组蓄电池并联供电，求：（1）各支路电流；（2）两个电源的输出功率。

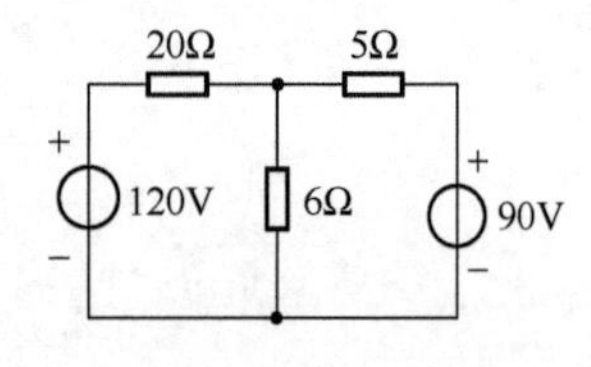

计算题 3）图

4）如图所示电路，用 KCL 及 KVL 求支路电流 I_1。

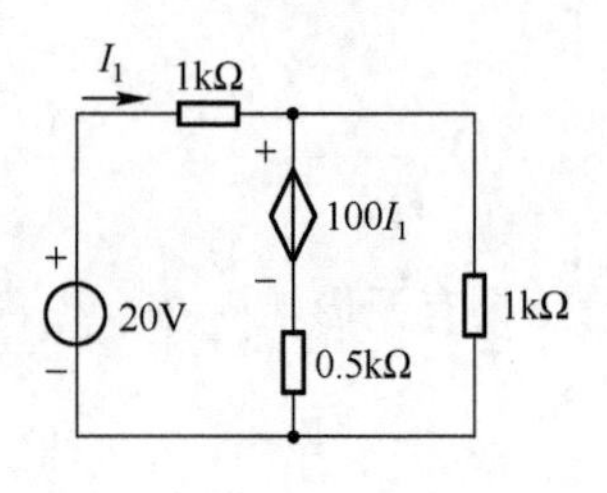

计算题 4）图

5）如图所示电路，应用戴维南定理求 7Ω 电阻支路的电流。

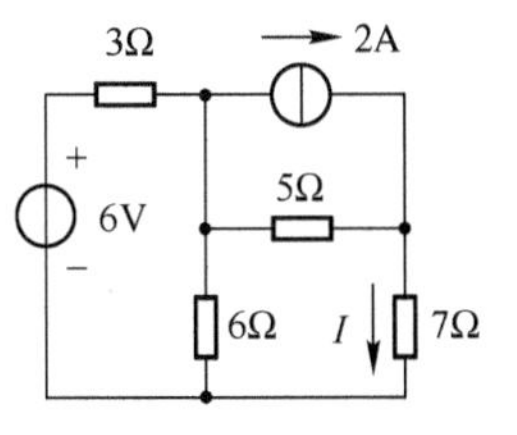

计算题 5）图

6）如图所示电路，已知负载电阻 $R_L = 64\Omega$，应用戴维南定理求负载电阻中的电流及消耗的功率。

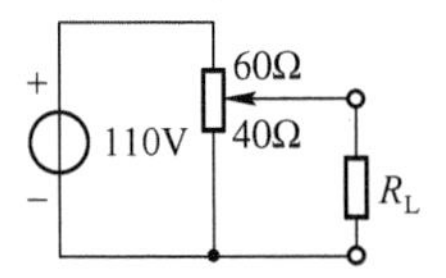

计算题 6）图

7）如图所示电路，（1）求 a-b 端口的等效戴维南电路及诺顿电路。（2）若在端口连接一个 3Ω 的负载电阻，求负载电流。

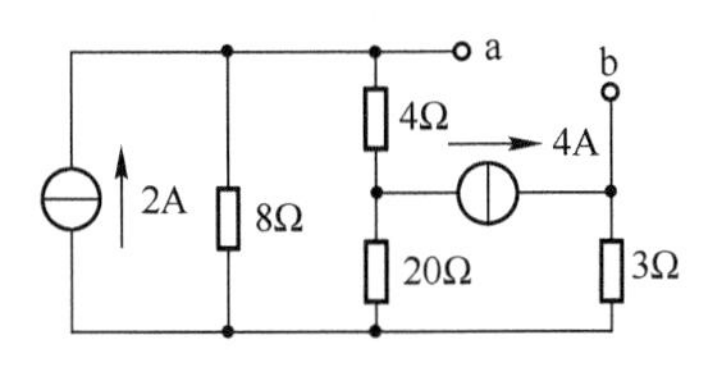

计算题 7）图

8）如图所示电路，求 a-b 端口的等效戴维南电路及诺顿电路。（提示：在端口接上 I_S 的电流源，求出端口电压 U 的表达式，根据 $R = U / I_S$，求得等效电阻）。

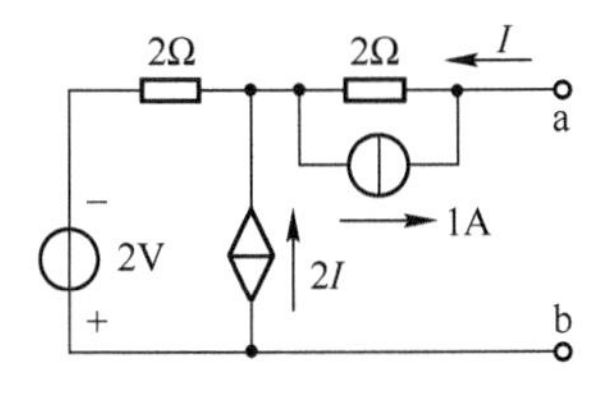

计算题 8）图

9）在图中，两节点间的电压 U_{AB}=5V，R_1=R_2=2Ω，R_3=5Ω，则用支路电流法求各支路电流 I_1、I_2、I_3。

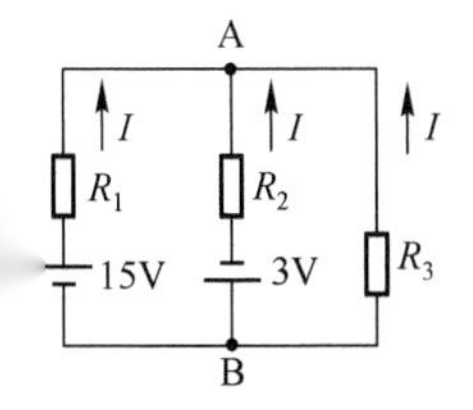

计算题 9）图

10）如图所示电路，用支路电流法求支路电流。

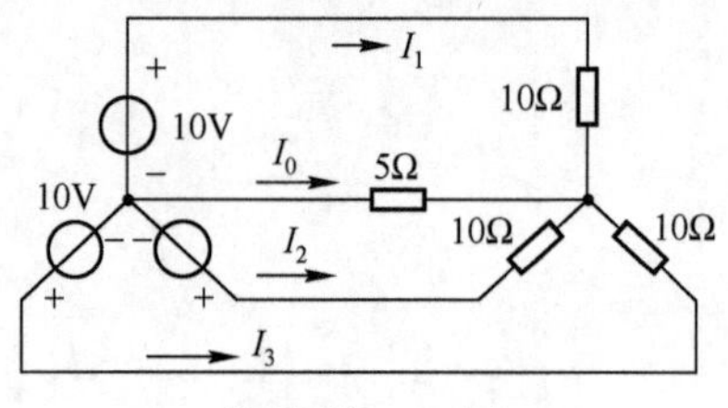

计算题 10）图

11）如图所示电路，用节点电压法求 4Ω 电阻的端电压。

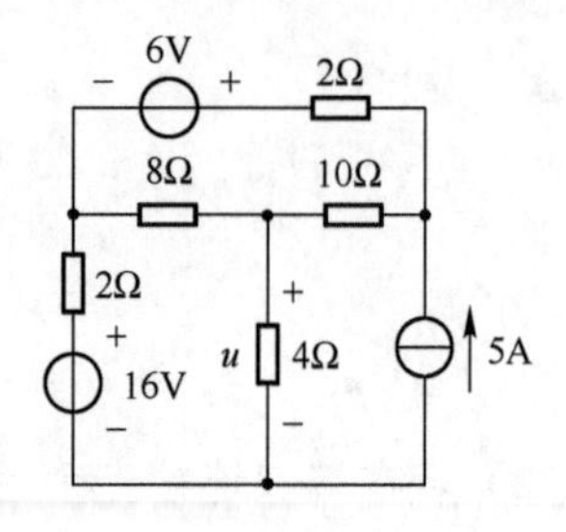

计算题 11）图

12）如图所示电路，用节点电压法求节点电压 U_1、U_2。

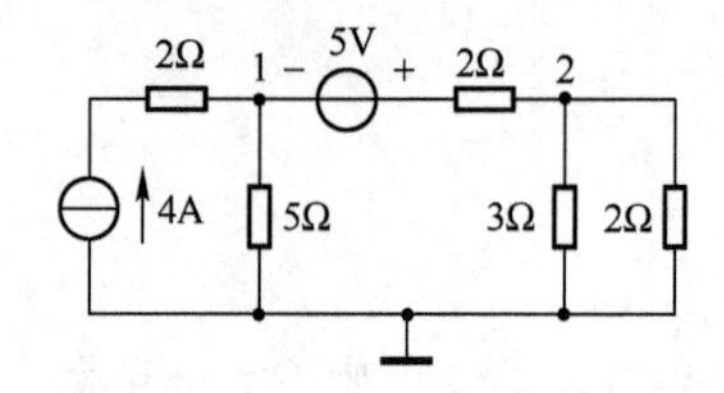

计算题 12）图

13）如图所示电路，试用回路电流法求各支路电流，并计算两组蓄电池输出的功率及负载消耗的功率？

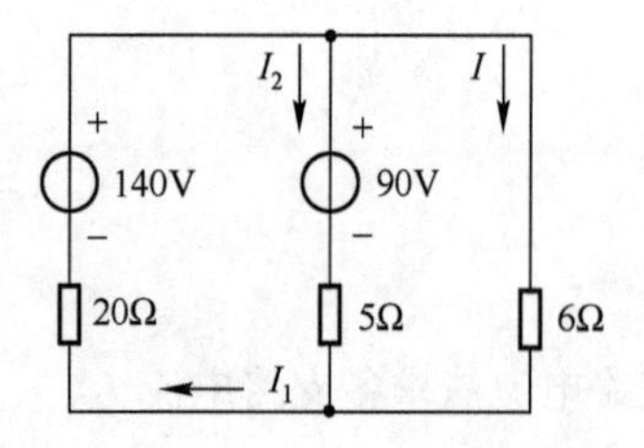

计算题 13）图

14）如图所示电路，试用回路电流法求各支路电流 I。

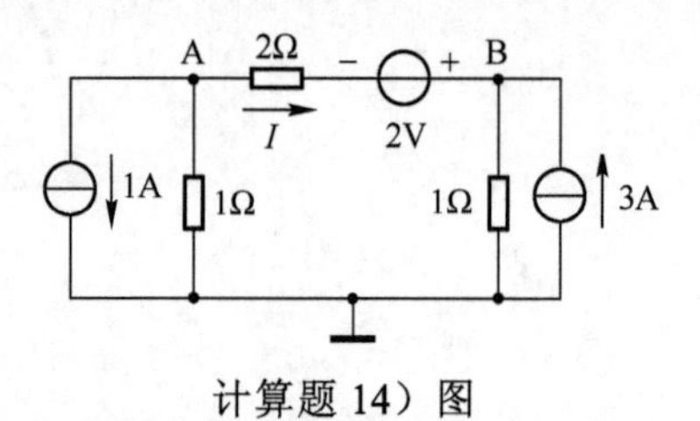

计算题 14）图

15）如图电路中，已知 $U_{S1}=9V$，$U_{S2}=4V$，电源内阻不计。电阻 R_1=1Ω、R_2=2Ω、R_3=3Ω。用网孔电流法求各支路电流。

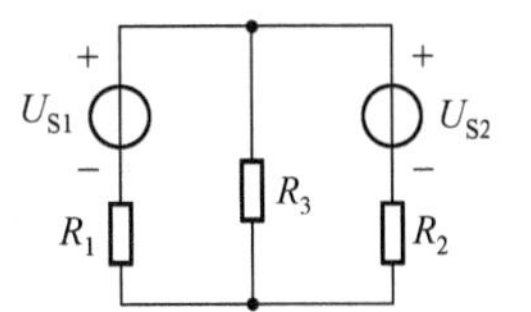

计算题 15）图

16）如图所示电路，已知 $R_1=R_5=R_6=2\Omega$，$R_2=R_3=R_4=4\Omega$，$U_{S1}=6V$，$U_{S2}=4V$，$U_{S3}=8V$，用网孔电流法求各支路电流。

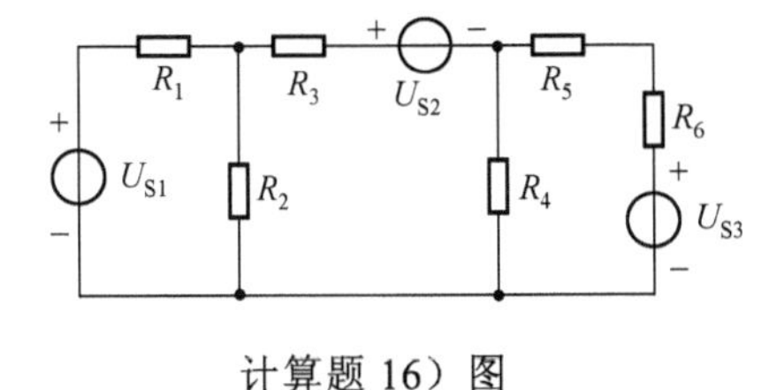

计算题 16）图

17）用叠加定理求图所示电路的电压 U 和电流 I。

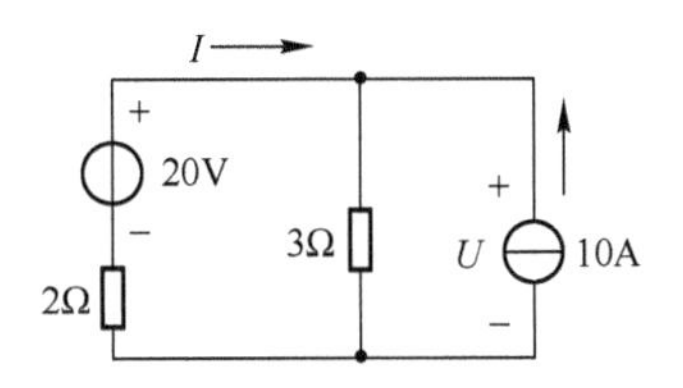

计算题 17）图

18）用叠加定理求图所示电路的电流 I。

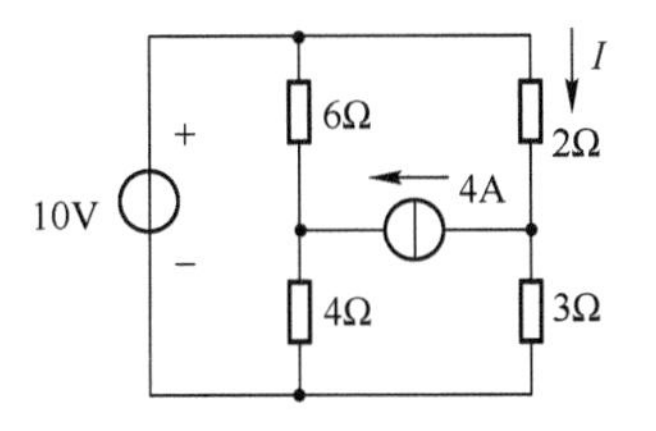

计算题 18）图

项目三　家居室内照明线路的设计、安装与调试

任务一　岗前学习准备 1　测量正弦交流电

一、任务准备

（一）知识答卷

任务一　知识水平测试卷

1．如下图所示正弦交流电压波形，请在图上标出其三要素（角频率用周期 T 表示）。

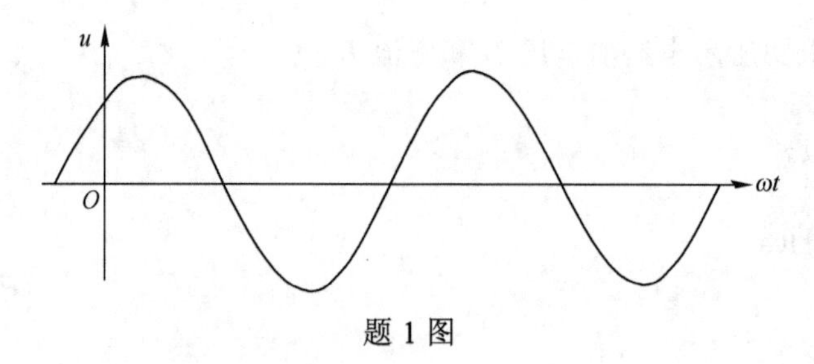

题 1 图

2．在相同的时间内，某正弦交流电通过一阻值为 100Ω 的电阻产生的热量，与一电流为 3A 的直流电通过同一阻值的电阻产生的热量相等，则下述不正确的表述是（　　）。

A．此交流电的电流的有效值为 3A，最大值为 $3\sqrt{2}$ A

B．此交流电的电流的有效值为 $3\sqrt{2}$ A，最大值为 6A

C．电阻两端的交流电压的有效值为 300V，最大值为 $300\sqrt{2}$ V

3．日常生活中额定电压为 220V 的灯泡，接在 220V 直流电源上，灯泡会不会烧坏？请阐述理由。

4．两个正弦交流电电压的解析式是：$u_1 = 10\sqrt{2}\sin(100t - 90^\circ)$V，$u_2 = 10\sqrt{2}\sin(100t + 90^\circ)$V，试说明这两个交流电的相位关系。

5．正弦交流电压 u，其三要素中幅值为 $100\sqrt{2}$ V，角频率为 314 rad/s，初相位为 60°，请用 4 种方法来表示它。

6．若被测信号幅度太大（不引起仪器损坏条件下），则在示波器上能看到什么图形？要完整地显示图形，应如何调节？

7．如何用示波器测量正弦交流信号的平均值？若被测信号同时包含交流成分和直流成分，能否用示波器来测量？如果能测量，应如何进行？

8．用示波器观察周期为 0.2ms 的正弦电压，试问要在屏上呈现三个完整而稳定的正弦波，扫描电压的周期应等于多少毫秒？

9．简述用 CS—4125A 型示波器测量两个同频率正弦交流电之间的相位差。

10．长期不使用的示波器要使用时，应如何处理方能使用？

11．磁电系仪表的游丝一般有两个，且绕向相反，游丝一端与可动线圈相连，另一端固定在支架上，它的作用仅仅是产生反作用矩。这样的观点正确吗？请说明理由。

12．设备为鼠笼型 55kW 电动机，大概额定电流为 110A 左右，我们选择 75/5A 电流互感器,则电流表就要选择量程为 0～5A 的电流表。这样的观点正确吗？请说明理由。

13．下列关于电压表使用方法错误的是（　　），并说明理由。

A．测电路中两点电压，就应将电压表并联在此两点间

B．被测电压不要超过电压表的量程

C．无论什么情况都可以将电压表直接接在电源两端

D．必须使电流从负接线柱流出

14．整流式电压表的上限使用频率约几千赫兹，只要是交流电，整流式电表读数才是正确的。这样的观点正确吗？请说明理由。

15．高压静电电压表是利用静电感应原理制成的，电压越高，静电力产生的转矩越大，表针的偏转越大。它只能用于测量直流电压而不能测量交流电。这样的观点正确吗？请说明理由。

（二）知识学习考评成绩

任务一　知识学习考评表

序号	评价内容	评价要求	评价标准	配分	得分
1	学习表现	认真完成任务，遵章守纪	按照拟定的平时表现考核表相关标准执行	15	
2	学习准备	认真按照规定内容，做好学习准备工作	学习准备事项不全，一项扣 5 分	10	
3	积极性、创新性	积极认真按照要求完成学习内容，并进行创新性学习	积极性、创新性有一项缺乏扣 5 分	10	
4	知识水平测试卷	按时、认真、正确完成答卷	（1）未做或做错，每题扣 5 分； （2）回答不全，每题扣 2 分。 本项成绩扣完为止，不倒扣分	50	
5	课后作业	认真并按时完成课后作业	（1）作业缺题未做，一题扣 3 分； （2）作业不全，一题扣 2 分，累计最多不超过 10 分； （3）作业错误，一题扣 1 分； （4）作业未做，本项成绩为 0 分	15	
6	合计				
7	备注				

二、任务实施

1．正弦交流电波形测量

用示波器（本项目示波器型号为 CS－4125A）测量正弦交流电的波形，分析正弦交流电的三要素。

1）波形绘制方格的制作

在波形记录纸上，对照使用的示波器显示屏，把方格按 1∶1 比例绘制出来。如教材中图 3.1.14 示波器面板显示屏所示。

2）示波器通电调试

3）观测单相正弦交流电波形

（1）纵轴幅值调节；

（2）横轴扫描周期调节；

（3）坐标原点选择。

（4）波形绘制

波形调整合适后，在画有方格的波形记录纸上用铅笔按照示波器显示屏上所显示的波形，选择合适的各点用平滑曲线绘制下来。画好以后再用三色记录笔中的一种沿铅笔绘制的波形描画一遍，并把波形观测数据记录在表 3.1.4 中。

表 3.1.4　示波器相电压波形观测数据记录表

波形观测数据 \ 相电压相序	A 相	B 相	C 相
示波器“VOLT/div”挡位值×峰-峰值波形格数			
峰-峰值电压 U_{P-P}（V）读数			
根据示波器显示计算出的波形有效值（V）			
示波器（TIME/div）挡位值×周期格数			
信号周期 T 值（ms）			
信号频率 $f=1/T$（Hz）			

注：波形有效值为 $U_{P-P}/2\sqrt{2}$。

（5）其他两相波形绘制

在上述第（4）步基础上，把探头输入线探针分别接到其他两相上观测波形，并按照上述办法绘制在上述波形记录纸上，把波形观测数据记录在表 3.1.4 中。

注意：在观测其他两相波形时，不能调节幅值旋钮和扫描周期旋钮及上下和水平移动旋钮，以免波形观测和绘制不准。

（6）参照以上（1）～（5）步骤，观察三组线电压波形，把波形绘制在另外画有方格的波形记录纸上并把波形观测数据记录在表 3.1.5 中。

表 3.1.5　示波器线电压波形观测数据记录表

线电压相序 波形观测数据	AB 相	BC 相	CA 相
示波器"VOLT/div"挡位值×峰-峰值波形格数			
峰-峰值电压 U_{P-P}（V）读数			
根据示波器显示计算出的波形有效值（V）			
示波器（TIME/div）挡位值×周期格数			
信号周期 T 值（ms）			
信号频率 $f=1/T$（Hz）			

（7）有函数信号发生器的学校，可安排学生分别观测三组不同信号频率（500Hz、1000Hz、1500Hz）的正弦波形，把波形观测数据记录在数据记录表中。

① 按函数信号发生器的使用方法和调试步骤调试输出正弦波形。

② 用示波器观察各信号，测量各信号的电压、频率等值，并填在表 3.1.6 中。

表 3.1.6　函数信号发生器输出波形的测量数据

输出电压	0.4V	2.0V	50mV
信号发生器产生的信号频率	500Hz	1000Hz	1500Hz
示波器"VOLT/div"挡位值×峰-峰值波形格数			
峰-峰值电压 U_{P-P}（V）读数			
根据示波器显示计算出的波形有效值（V）			
示波器（TIME/div）挡位值×周期格数			
信号周期 T 值（ms）			
信号频率 $f=1/T$（Hz）			

（8）绘制波形比较分析

① 分别选取一组相电压和线电压波形，分析在纵轴方向上幅值大小改变时，波形的变化情况；

② 分别选取另一组相电压和线电压波形，分析在横轴方向上周期大小改变时，波形的变化情况。若观测了函数信号发生器输出波形的，可结合绘制的波形和记录的数据分析波形随周期变化的情况；

③ 分别对照三组相电压和线电压波形，分析三相由负到正的零点距离坐标原点的位置变化时，而引起波形的变化情况；

④ 给出分析结论：正弦交流电的三要素为幅值、周期、初相位。

2. 用交流电压表、电流表测量正弦电压和电流

1）电源三组线电压测量

2）电源相电压测量

表 3.1.7　电源电压测量数据

U_{AB}(V)	U_{BC}(V)	U_{CA}(V)	U_A(V)	U_B(V)	U_C(V)

3）测量电阻器电压和通过的电流

表 3.1.8　电阻器电压和电流数据

总阻值 / 电源电压	1.2kΩ		1.6kΩ		2.0kΩ	
	U_R(V)	I_R(mA)	U_R(V)	I_R(mA)	U_R(V)	I_R(mA)
24V						
36V						

三、工作评价

任务一　工作过程考核评价表

序号	主要内容	考核要求	考核标准	配分	得分
1	工作准备	认真完成测量前的准备工作	（1）劳防用品穿戴不合规范，扣 5 分； （2）仪器仪表未调节，仪器仪表放置不当，每处扣 2 分； （3）电工实验装置未仔细检查就通电，扣 5 分； （4）没有认真学习安全用电规程，扣 2 分； （5）没有进行触电抢救技能训练，扣 2 分； （6）没有预习好正弦交流电的基本知识，扣 2 分； （7）没有认真掌握示波器、交流电压表和电流表的正确使用方法，有一处扣 2 分； （8）铅笔、三色记录笔、波形记录纸（16K 或 A4 大小）、数据记录表、三角板、直尺、橡皮等没准备，有一处扣 2 分	10	

续表

序号	主要内容	考核要求	考核标准	配分	得分
2	测量过程	测量过程准确无误	（1）不能正确运用示波器观察正弦交流电压波形，扣10分； （2）不能在波形记录纸上正确测绘正弦交流电压波形，扣10分； （3）运用示波器测量波形前自检过程中，操作错误每错1处扣5分； （4）运用交流电压表、交流电流表测量交流电压和电流，操作失误每处扣5分	40	
3	测量结果	测量结果在允许误差范围之内，并能正确分析判断	（1）测量结果有较大误差或错误，每处扣10分； （2）分析判断错误，每处扣10分	30	
4	仪器仪表、工具的简单维护	安装完毕，能正确对仪器仪表、工具进行简单的维护保养	未对仪器仪表、工具进行简单的维护保养，每个扣5分	10	
5	服从管理	严格遵守工作场所管理制度，认真实行5S管理	（1）违反工作场所管理制度，每次视情节酌情扣5～10分； （2）工作结束，未执行5S管理，不能做到人走场清，每次视情节酌情扣5～10分	10	
6	安全生产	测量过程中，违反安全生产规程，视情节酌情扣10～20分，违反安全规程出现人身、设备、仪器仪表等严重事故者，本次考核以0分计			
备注		成绩			
考核人（签名）			年　月　日		

任务二　岗前学习准备2　电感、电容器的识别与选用

一、任务准备

（一）知识答卷

任务二　知识水平测试卷

1．电感器有哪些作用？

2．从用途上来分电感器有哪些种类？

3．电感器电感量有哪些标注方法？

4．电感器开路故障会有哪些现象？

5．电感器电感量不正常会引起哪些故障现象？

6．某一电容器标注是：“300V，5μF”，则下述说法正确的是（　　）。

A．该电容器可在 300V 以下电压正常工作

B．该电容器只能在 300V 电压时正常工作

C．电压是 200V 时，电容仍是 5μF

D．使用时只需考虑工作电压，不必考虑电容器的引出线与电源的哪个极相连

7．电容器的作用是什么？

8．从用途上来分电容器有哪些种类？

9．若电容器容量有 R47、47μ、477 三种标识方法，它们分别表示电容器容量是多少μF？

10．对 1000μF 以上的固定电容、10～1000μF 固定电容器、10pF 以下的小电容检测，万用表分别置于何挡？

（二）知识学习考评成绩

任务二　知识学习考评表

序号	评价内容	评价要求	评价标准	配分	得分
1	学习表现	认真完成任务，遵章守纪	按照拟定的平时表现考核表相关标准执行	15	
2	学习准备	认真按照规定内容，做好学习准备工作	学习准备事项不全，一项扣 5 分	10	
3	积极性、创新性	积极认真按照要求完成学习内容，并进行创新性学习	积极性、创新性有一项缺乏扣 5 分	10	
4	知识水平测试卷	按时、认真、正确完成答卷	（1）未做或做错，每题扣 5 分； （2）回答不全，每题扣 2 分	50	
5	课后作业	认真并按时完成课后作业	（1）作业缺题未做，一题扣 3 分； （2）作业不全，一题扣 2 分，累计最多不超过 10 分； （3）作业错误，一题扣 1 分； （4）作业未做，本项成绩为 0 分	15	
6	合计				
7	备注				

二、任务实施

1．工作要求

根据给每个项目小组分配的相应数量不同类型和规格的新旧电感、电容器（各校根据实际

条件自定数量、类型、规格），根据以下工作内容要求逐一完成：

（1）分拣出电感器、电容器；

（2）正确判断每个电感器、电容器的类型；

（3）正确阐述每个有铭牌标识的电感器、电容器型号的含义；

（4）正确写出三个铭牌被封住的新电感器、电容器的型号和规格；

（5）正确应用万用表检测并判断旧电感器、电容器质量的好坏。

2．考核标准

考核标准参见项目三任务二工作过程考核评价表。

三、工作评价

任务二　工作过程考核评价表

序号	评价内容	评价要求	评价标准	配分	得分
1	工作准备	认真完成任务实施前的准备工作	（1）劳防用品穿戴不合规范，扣5分； （2）仪器仪表未调节，仪器仪表放置不当，每处扣2分； （3）材料、工具没检查，每件扣2分； （4）没有认真学习安全用电规程，扣2分； （5）没有进行触电抢救技能训练，扣2分； （6）没有复习好正弦交流电的基本知识，扣2分； （7）没有准备好项目工作手册、笔和记录本，有一处扣2分	15	
2	分拣电感、电容器	正确区分出电感、电容器	电感、电容器每识别错误一个，扣2分	10	
3	判断电感、电容器类型	正确判断每个电感、电容器的类型	电感、电容器类型每识别错误一个，扣2分	15	
4	阐述电感、电容器型号的含义	正确阐述每个有铭牌标识的电感器、电容器型号的含义	电感、电容器型号每阐述错误一个，扣2分	10	
5	正确书写新电感、电容器的型号和规格	正确写出3个铭牌被封住的新电感器、电容器的型号和规格	电感、电容器型号、规格每书写错误一个，扣2分	10	
6	正确判断旧电感、电容器质量好坏	正确应用万用表检测并判断旧电感器、电容器质量的好坏	（1）检测方法有误，每个扣2分； （2）万用表操作不当，每处扣2分	20	
4	仪器仪表、工具的简单维护	测量完毕，能正确对仪器仪表、工具进行简单的维护保养	未对仪器仪表、工具进行简单的维护保养，每个扣5分	10	
5	服从管理	严格遵守工作场所管理制度，认真实行5S管理	（1）违反工作场所管理制度，每次视情节酌情扣5～10分； （2）工作结束，未执行5S管理，不能做到人走场清，每次视情节酌情扣5～10分	10	
6	安全生产	测量过程中，违反安全生产规程，视情节酌情扣10～20分，违反安全规程出现人身、设备、仪器仪表等严重事故者，本次考核以0分计			
备　注			成　绩		
考核人（签名） 年　月　日					

任务三　岗前学习准备3　测试并分析正弦信号激励下的RLC特性

一、任务准备

（一）知识答卷

任务三　知识水平测试卷

1．如图所示，白炽灯和电容器串联后接在交变电源的两端，当交变电源的频率增加时，____。

A．电容器电容量增大　　B．电容器电容量减小

C．电灯变暗　　D．电灯变亮

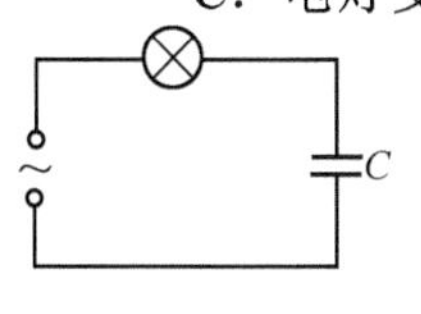

题1图

2．如图所示电路中，如果交流电的频率增大，三盏电灯的亮度将如何改变？为什么？

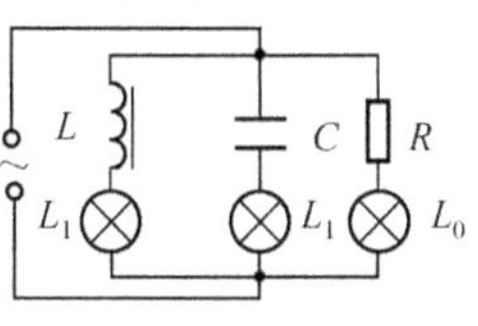

题2图

3．已知正弦电压 $u=311\sin(314t+60^\circ)$ V，试求用交流电压表去测量电压时，电压表的读数应为多少？

4．已知某电路电压和电流的相量图如图题4所示，U=380V，I_1=20A，$I_2=10\sqrt{2}$ A，设电压 U 的初相位为零，角频率为 ω，试写出它们的三角函数式、说明它们之间的相位关系。

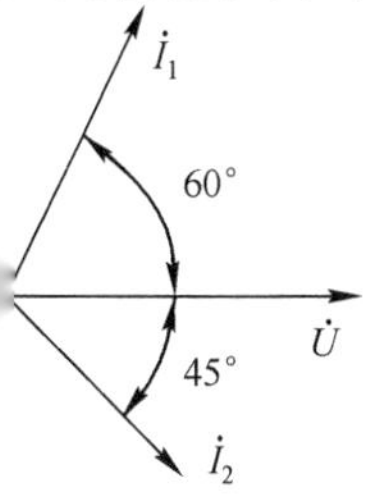

题4图

5．有一个220V、100W的灯泡接于 $\dot{U}=220\angle0^\circ$ V 的交流电源上，试求灯泡的电阻、通过该灯泡的电流 $\dot{I}$。

6．某电感元件电感 L=25mH，若将它接至 50Hz、220V、初相角 Ψ=60°电源上，试求电路中的电流 $\dot{I}$ 。

（二）知识学习考评成绩

任务三　知识学习考评表

序号	评价内容	评价要求	评价标准	配分	得分
1	学习表现	认真完成任务，遵章守纪	按照拟定的平时表现考核表相关标准执行	15	
2	学习准备	认真按照规定内容，做好学习准备工作	学习准备事项不全，一项扣 5 分	10	
3	积极性、创新性	积极认真按照要求完成学习内容，并进行创新性学习	积极性、创新性有一项缺乏扣 5 分	10	
4	知识水平测试卷	按时、认真、正确完成答卷	（1）未做或做错，每题扣 10 分； （2）回答不全，每题扣 5 分	50	
5	课后作业	认真并按时完成课后作业	（1）作业缺题未做，一题扣 3 分； （2）作业不全，一题扣 2 分，累计最多不超过 10 分； （3）作业错误，一题扣 1 分； （4）作业未做，本项成绩为 0 分	15	
6	合计				
7	备注				

二、任务实施

1．RC 正弦交流电路相频、幅频曲线的测绘及其特性分析

1）u_i 与 i 间相位差中的测量方法

2）观察并绘制不同频率 f 下 u_i、u_R、u_C 的波形，并分析其特性

特性分析：

（1）分别分析判断 u_R、u_C 与 u_i 在不同频率下相位关系；

（2）分析判断 u_c、i_C（u_R）在不同频率下相位关系。

3）测绘相频、幅频曲线，并分析随频率的变化关系

在不同频率 f 下波形测绘时，分别在表 3.3.2 中记录下 f、MN、L 等数值，并用万用表（或毫伏表）选择合适量程分别测量 R、C 两端的电压有效值 U_R、U_C，把它们记录在表 3.3.3 中。

表 3.3.2　RC 电路相位测量记录表

R=____Ω，C=____μF

f(Hz)	ω (ω=2πf)	MN(div)	L(div)	$\varphi=\frac{MN}{L}\times360°$（实际大小）	$\varphi=-\arctan\frac{1}{\omega CR}$（理论）

表 3.3.3　RC 电路电压测量记录表

R=_____Ω，C=______μF，U_i=_____V

f(Hz)					
ω ($\omega=2\pi f$)					
U_R(V)					
U_R/U_i					
U_C(V)					
U_C/U_i					

根据表 3.3.2、表 3.3.3 测量的数据用平滑曲线分别绘制出 R、C 不同输出时，幅频曲线 $T(\omega)\sim\omega$及相频曲线$\varphi(\omega)\sim\omega$。若数据点少，可以在测绘时，适当再增加测量几组数据。

2．RL 正弦交流电路相频、幅频曲线的测绘及其特性分析

1）观察并绘制不同频率 f 下 u_i、u_R、u_L 的波形，并分析其特性

特性分析：

（1）分别分析判断 u_R、u_L 与 u_i 在不同频率下相位关系；

（2）分析判断 u_L、i_L（即 u_R）在不同频率下相位关系。

2）测绘相频、幅频曲线，并分析随频率的变化关系

RL 正弦交流电路 u_i 与 i 间相位差φ的测量方法与 RC 电路相同。

在不同频率下波形测绘时，分别在下述 RL 电路相位测量记录表中记录下 f、MN、L 等数值，并用万用表（或毫伏表）选择合适量程分别测量 R、L 两端的电压有效值 U_R、U_L，把它们记录到下述 RL 电路电压测量记录表中。

RL 电路相位测量记录表

R=_____Ω，L=______H

f(Hz)	ω ($\omega=2\pi f$)	MN(div)	L(div)	$\varphi=\frac{MN}{L}\times360°$（实际大小）	$\varphi=-\arctan\frac{1}{\omega CR}$（理论）

RL 电路电压测量记录表

R=_____Ω，L=_______H U_i=_____V

f（Hz）					
ω （$\omega=2\pi f$）					
U_R（V）					
U_R/U_i					
U_L（V）					
U_R/U_i					

根据两表中测量数据用平滑曲线分别绘制出 R、L 不同输出时，幅频曲线 $T(\omega)\sim\omega$，以及相频曲线$\varphi(\omega)\sim\omega$。若数据点少，可以在测绘时，适当再增加测量几组数据。

三、工作评价

任务三　工作过程考核评价表

序号	评价内容	评价要求	评价标准	配分	得分
1	工作准备	认真完成测量前的准备工作	（1）劳防用品穿戴不合规范，扣 5 分； （2）仪器仪表未调节，仪器仪表放置不当，每处扣 2 分； （3）电工实验装置未仔细检查就通电，扣 5 分； （4）材料、工具没检查，每件扣 2 分； （5）没有认真学习安全用电规程，扣 2 分； （6）没有进行触电抢救技能训练，扣 2 分； （7）没有复习并掌握好示波器使用的方法，扣 2 分； （8）没有准备好项目工作手册、记录本和铅笔、圆珠笔、三角板、直尺、橡皮等文具，有一处扣 2 分	10	
2	测量过程	测量过程准确无误	（1）不能正确运用示波器观察 R、L、C 正弦交流电压波形，扣 10 分； （2）不能在波形记录纸上正确测绘正弦交流电压波形，扣 10 分； （3）运用示波器测量波形前自检过程中，操作错误每错 1 处扣 5 分； （4）不能正确运用万用表测量不同频率下的 R、L、C 两端电压大小，每处扣 5 分； （5）不能通过示波器测量不同频率下的相位差，每失误 1 次扣 10 分	40	
3	测量结果	测量结果在允许误差范围之内，并能正确分析判断	（1）测量结果有较大误差或错误，每处扣 10 分； （2）分析判断错误，每处扣 10 分； （3）不能正确绘制幅相特性曲线，每处扣 10 分	30	
4	仪器仪表、工具的简单维护	测量完毕，能正确对仪器仪表、工具进行简单的维护保养	未对仪器仪表、工具进行简单的维护保养，每个扣 5 分	10	

续表

序号	评价内容	评价要求	评价标准	配分	得分
5	服从管理	严格遵守工作场所管理制度，认真实行5S管理	（1）违反工作场所管理制度，每次视情节酌情扣5～10分； （2）工作结束，未执行5S管理，不能做到人走场清，每次视情节酌情扣5～10分	10	
6	安全生产	测量过程中，违反安全生产规程，视情节酌情扣10～20分，违反安全规程出现人身、设备、仪器仪表等严重事故者，本次考核以0分计			
备　注		成　绩			
考核人（签名） 年　月　日					

任务四 项目实施文件制定及工作准备

一、项目实施文件制定

1. 项目工作单

参考教材表1.1.1，各项目小组完成项目工作单的填写。

项目三 工作单

项目编号	XMZX-JS-20□□□□□□	项目名称	家居室内照明线路的设计、安装与调试
项目等级	宽松（ ） 一般（ ） 较急（ ） 紧急（ ） 特急（ ）		
	不重要（ ） 普通（ ） 重要（ ） 关键（ ）		
	暂缓（ ） 普通（ ） 尽快（√） 立即（ ）		
项目发布部门		项目执行部门	
项目执行组		项目执行人	
项目协办人		协办人职责	协助任务组长认真完成工作任务
项目工作内容描述			
项目实施步骤			
计划开始日期		计划完成日期	
工时定额			
理解与承诺	执行人（签字）： 年　月　日		
备注			

* 备注：表中1工时在组织教学时，可与1课时对等，以下同。

2. 生产工作计划

3. 组织保障和安全技术措施

4. 人员安排方案

二、工作准备

1. 项目实施材料、工具、生产设备、仪器仪表等准备（　）。

每个项目小组参照教材表 2.1.1 物资清单准备。

2. 技术资料准备（　）。

（1）准备好示波器、智能功率表、交流电压表、电流表等仪器仪表，以及单相自耦调压器、荧光灯、电容器等生产设备和材料的使用说明书。

（2）准备好《建筑照明设计规范（GB50034—2004）》。

（3）准备好《电气照明装置施工及验收规范（GB50259－1996）》，见教材中的附录 B。

三、工作评价

任务四　任务完成过程考评表

序号	评价内容	评价要求	评价标准	配分	得分
1	学习表现	认真完成任务，遵章守纪、表现积极	按照拟定的平时表现考核表相关标准执行	20	
2	项目实施文件	项目实施文件数量齐全、质量合乎要求	（1）项目工作单、生产工作计划、组织保障、安全技术措施、人员安排方案等项目实施文件，每缺一项扣 20 分； （2）项目实施文件制定质量不合要求，有一项扣 10 分	40	
3	项目实施工作准备	积极认真按照要求完成项目实施的各项准备工作	（1）有一项未准备扣 20 分； （2）有一项准备不充分扣 10 分	40	
4	合计				
5	备注				

任务五 典型简单家居室内照明线路的设计与安装

一、任务准备

（一）知识答卷

任务五 知识水平测试卷

1. 普通灯具安装的规范要求有哪些？

2. 简述家居荧光灯照明线路的结构组成及各部分作用？

3. 荧光灯照明电路如何安装？

4. 为什么螺口灯头的中心触头要接开关火线？

5. 导线连接为什么要连接紧密？

（二）知识学习考评成绩

任务五 知识学习考评表

序号	评价内容	评价要求	评价标准	配分	得分
1	学习表现	认真完成任务，遵章守纪	按照拟定的平时表现考核表相关标准执行	15	
2	学习准备	认真按照规定内容，做好学习准备工作	学习准备事项不全，一项扣5分	10	
3	积极性、创新性	积极认真按照要求完成学习内容，并进行创新性学习	积极性、创新性有一项缺乏扣5分	10	
4	知识水平测试卷	按时、认真、正确完成答卷	（1）未做或做错，每题扣10分； （2）回答不全，每题扣5分	50	
5	课后作业	认真并按时完成课后作业	（1）作业缺题未做，一题扣3分； （2）作业不全，一题扣2分，累计最多不超过10分； （3）作业错误，一题扣1分； （4）作业未做，本项成绩为0分	15	
6	合计				
7	备注				

二、任务实施

1. 设计家居照明用电线路图，并分析绘制电路原理图

要求参考主教材中图 3.5.5 设计家居照明用电线路图，各项目工作小组讨论分析家居照明用电线路的组成及各组成部分的作用，在此基础上绘制正弦交流电电路原理图。

2. 绘制电气器件布置图及接线图

结合电工实验实训装置上电源、网孔板等（若学校无此条件，可改为配电板或其他相宜设施）各项目工作小组分析，讨论并正确绘制电气器件布置图及接线图。

3. 用行线槽安装照明线路

三、工作评价

任务五　工作过程考核评价表

序号	主要内容	考核要求	考核标准	配分	扣分	得分
1	工作准备	认真完成任务实施前的准备工作	（1）劳防用品穿戴不合规范，扣 5 分； （2）仪器仪表未调节，仪器仪表放置不当，每处扣 2 分； （3）电工实验实训装置未仔细检查就通电，扣 5 分； （4）材料、工具没检查，每件扣 2 分； （5）没有认真学习安全用电规程，扣 2 分； （6）没有进行触电抢救技能训练，扣 2 分； （7）没有准备好项目工作手册、记录本和铅笔、圆珠笔、三角板、直尺、橡皮等文具，有一处扣 2 分	10		
2	线路设计	正确设计线路图	（1）家居照明线路图，设计不正确、线路图绘制不规范，每处扣 5 分； （2）家居照明电路原理图，绘制不正确、符号绘制不规范，每处扣 5 分； （3）家居照明线路电气器件布置图，器件布置不合理，每处扣 5 分； （4）家居照明线路安装接线图，线路连接不正确，每处扣 5 分	35		

续表

序号	主要内容	考核要求	考核标准	配分	扣分	得分
3	线路的安装	元件布置合理、安装牢固，塑料槽板安装平直牢固，穿线动作熟练，接线正确、美观	（1）元件布置不合理扣 10 分； （2）木台、灯座、开关及开关盒、熔断器、镇流器、启辉器、荧光灯灯管等安装松动，每处扣 10 分； （3）电器元件损坏，每只扣 10 分； （4）火线未进开关、熔断器未安装在火线进线侧，每处扣 10 分； （5）塑料槽板不平直，每根扣 5 分； （6）线芯剖削有损伤，每处扣 5 分； （7）塑料槽板转角不符合要求，每处扣 5 分	35		
4	仪器仪表、工具的简单维护	安装完毕，能正确对仪器仪表、工具进行简单的维护保养	未对仪器仪表、工具进行简单的维护保养，每个扣 5 分	10		
5	服从管理	严格遵守工作场所管理制度，认真实行 5S 管理	（1）违反工作场所管理制度，每次视情节酌情扣 5～10 分； （2）工作结束，未执行 5S 管理，不能做到人走场清，每次视情节酌情扣 5～10 分	10		
6	安全生产	测量过程中，违反安全生产规程，视情节酌情扣 10～20 分，违反安全规程出现人身、设备、仪器仪表等严重事故者，本次考核以 0 分计				
备注			成绩			
考核人（签名） 年 月 日						

任务六 家居室内荧光灯照明线路的调试与故障排除

一、任务准备

（一）知识答卷

任务六 知识水平测试卷

1．荧光灯电路有哪些主要组成部分？

2．荧光灯电路中启辉器的作用如何？

3．在荧光灯启动后将启辉器取掉，日光灯工作状态是否受影响？

4．荧光灯启辉器插头接触不良，会出现哪些现象？

5．荧光灯电路中镇流器的作用如何？

（二）知识学习考评成绩

任务六　知识学习考评表

序号	评价内容	评价要求	评价标准	配分	得分
1	学习表现	认真完成任务，遵章守纪	按照拟定的平时表现考核表相关标准执行	15	
2	学习准备	认真按照规定内容，作好学习准备工作	学习准备事项不全，一项扣 5 分	10	
3	积极性、创新性	积极认真按照要求完成学习内容，并进行创新性学习	积极性、创新性有一项缺乏扣 5 分	10	
4	知识水平测试卷	按时、认真、正确完成答卷	（1）未做或做错，每题扣 10 分； （2）回答不全，每题扣 5 分	50	
5	课后作业	认真并按时完成课后作业	（1）作业缺题未做，一题扣 3 分； （2）作业不全，一题扣 2 分，累计最多不超过 10 分； （3）作业错误，一题扣 1 分； （4）作业未做，本项成绩为 0 分	15	
6	合计				
7	备注				

二、任务实施

1．线路调试

各工作小组完成线路调试，并记录观察到的现象和调试的过程。

1）线路整体调试

按照教材中图 4.5.5 所示，在任务五完成的基础上，检查电源无误后，合上双极空气开关 QF，观察线路是否出现异常情况，若发现异常，应立即分断 QF，采用万用表，检查、分析并解决存在的线路故障问题。

2）白炽灯照明调试

若无异常情况发生，合上开关 S_1，观察白炽灯照明是否正常。

3）荧光灯照明调试

若白炽灯工作状态正常，再合上开关 S_2，观察日光灯照明情况是否正常。若不正常，用万用表采用电压表法检测并排除故障。

以上调试过程中，项目工作小组把观察到的现象和调试的过程按照表 3.6.2 的格式做好相应记录。

表 3.6.2 调试过程记录表

工作组别		工作日期	
工作任务			
调试过程	（1）线路整体调试 现象： 故障排除： （2）白炽灯照明调试 现象： 故障排除： （3）日光灯照明调试 现象： 故障排除：		
备　　注			

2．荧光灯照明电路的故障排除

1）镇流器断路

分断空气开关 QF，切断电路电源，用一只按键开关串接在镇流器 C 端与电源之间，断开开关，然后分别接通 QF、合上 S_2 观察电路现象，最后测试 C、E、F、G 各点电压并记录在表 3.6.3 中。

2）启辉器开路

取掉启辉器（启辉器开路）的情况下，合上 S_2 观察电路现象，测试 C、E、F、G 各点电压并记录在表 3.6.3 中。

3）启辉器短路

分断空气开关 QF，切断电路电源，用一根导线短接 F、G 两点（启辉器短路），然后分别接通 QF、合上 S_2 观察电路现象，最后测试 C、E、F、G 各点电压并记录在表 3.6.3 中。

4）灯丝断路

分断空气开关 QF，切断电路电源，用两只按键开关分别串接在启辉器两端，按键一断一合（灯丝断路），然后分别接通 QF、合上 S_2 观察电路现象，最后测试 C、E、F、G 各点电压并记录在表 3.6.3 中。

表 3.6.3 故障状态下的电压值

电路状态		测量数据				现　象
		V_C（V）	V_E（V）	V_F（V）	V_G（V）	
故障情况	镇流器断路					
	启辉器开路					
	启辉器短路					
	灯丝 R_1 断路					
	灯丝 R_2 断路					

三、工作评价

任务六　工作过程考核评价表

序号	主要内容	考核要求	考核标准	配分	扣分	得分
1	工作准备	认真完成任务实施前的准备工作	（1）劳防用品穿戴不合规范，扣5分； （2）仪器仪表未调节，仪器仪表放置不当，每处扣2分； （3）电工实验实训装置未仔细检查就通电，扣5分； （4）材料、工具没检查，每件扣2分； （5）没有认真学习安全用电规程，扣2分； （6）没有进行触电抢救技能训练，扣2分； （7）没有准备好项目工作手册、记录本和铅笔、圆珠笔、三角板、直尺、橡皮等文具，有一处扣2分	10		
2	线路调试	正确按照调试步骤完成线路的调试	（1）调试不按步序进行，调试过程混乱，每处扣10分； （2）调试操作过程中，操作不规范，每处扣5分； （3）调试过程中，没有按要求正确记录，每处扣10分； （4）调试过程中，没有按要求记录完整，每处扣5分	35		
3	线路故障排除	能正确排除线路故障	（1）不能正确分析线路故障现象，每处扣5分； （2）不能正确测试每种故障状态下的各关键点电压，每处扣5分； （3）不能正确分析测试的数据，每处扣10分	35		
4	仪器仪表、工具的简单维护	安装完毕，能正确对仪器仪表、工具进行简单的维护保养	未对仪器仪表、工具进行简单的维护保养，每个扣5分	10		
5	服从管理	严格遵守工作场所管理制度，认真实行5S管理	（1）违反工作场所管理制度，每次视情节酌情扣5～10分； （2）工作结束，未执行5S管理，不能做到人走场清，每次视情节酌情扣5～10分	10		
6	安全生产	测量过程中，违反安全生产规程，视情节酌情扣10～20分，违反安全规程出现人身、设备、仪器仪表等严重事故者，本次考核以0分计				
备　注			成　绩			
考核人（签名） 年　月　日						

任务七　优化设计提高家居室内照明线路的功率因数

一、任务准备

（一）知识答卷

任务七　知识水平测试卷

1．某电感元件电感 $L=25\,\text{mH}$，若将它分别接至 50Hz、220 V 和 5000Hz、220 V 的电源上，其初相角 $\varphi=60^\circ$，即 $\dot{U}=220\angle 60^\circ\,\text{V}$，试分别求出电路中的电流 $\dot{I}$ 及无功功率 Q_L。

2．将一电感线圈接至 50 Hz 的交流电源上，测得其端电压为 120V，电流为 20A，有功功率为 2kW，试求线圈的电感、视在功率、无功功率及功率因数。

3. 如图题 3 图所示电路中，已知$u=220\sqrt{2}\sin 314t$V，$i_1=22\sin(314t-45^\circ)$A，$i_2=11\sqrt{2}\sin(314t+90^\circ)$A，试求各仪表读数及电路的参数 R 、L 和 C 。

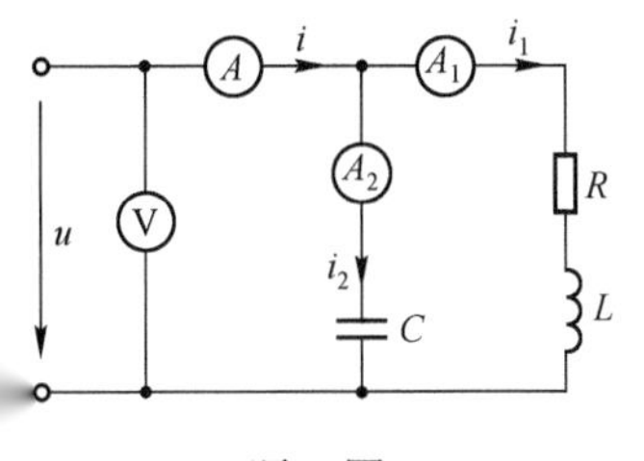

题 3 图

4．如图所示电路，外加交流电压 $U=220$ V，频率 $f=50$Hz，当接通电容器后测得电路的总功率 $P=2$kW，功率因数 $\cos\varphi=0.866$（感性）。若断开电容器支路，电路的功率因数 $\cos\varphi'=0.5$。试求电阻 R 、电感 L 及电容 C 。

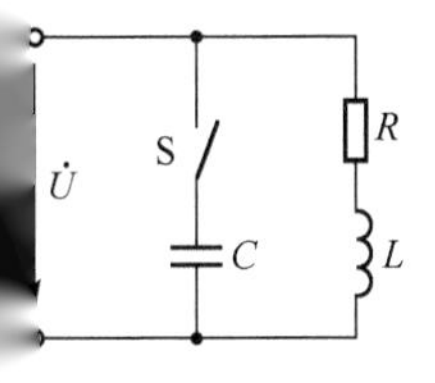

题 4 图

5．有一交流电动机，其输入功率 $P=3$ kW，电压 $U=220$V，功率因数 $\cos\varphi=0.6$，频率 $f=50$Hz，今将 $\cos\varphi$ 提高到 0.9，问需与电动机并联多大的电容 C？

（二）知识学习考评成绩

任务七　知识学习考评表

序号	评价内容	评价要求	评价标准	配分	得分
1	学习表现	认真完成任务，遵章守纪	按照拟定的平时表现考核表相关标准执行	15	
2	学习准备	认真按照规定内容，做好学习准备工作	学习准备事项不全，一项扣5分	10	
3	积极性、创新性	积极认真按照要求完成学习内容，并进行创新性学习	积极性、创新性有一项缺乏扣5分	10	
4	知识水平测试卷	按时、认真、正确完成答卷	（1）未做或做错，每题扣10分； （2）回答不全，每题扣5分	50	
5	课后作业	认真并按时完成课后作业	（1）作业缺题未做，一题扣3分； （2）作业不全，一题扣2分，累计最多不超过10分； （3）作业错误，一题扣1分； （4）作业未做，本项成绩为0分	15	
6	合计				
7	备注				

二、任务实施

1．测试家居室内照明线路的等效电路参数

1）测试白炽灯的等效电路参数

合上 S_1，观察线路、白炽灯及仪表的工作情况，并把观测到的数据记录在表3.7.1中，并计算各电路参数。

2）测试荧光灯的等效电路参数

断开 S_1，合上 S_2，观察线路、荧光灯及仪表的工作情况，并把观测到的数据记录在表3.7.1中，并计算各电路参数。

3）测试白炽灯、荧光灯并联电路的等效电路参数

同时合上 S_1、S_2，观察线路、白炽灯、荧光灯及仪表的工作情况，并把观测到的数据记录在表3.7.1中，并计算各电路参数。

表3.7.1　等效电路参数测算记录表

数据 / 被测元件	测量值			计算值					
	U（V）	I（A）	P（W）	$\|Z\|$	$\cos\varphi$	R	X	L	C
				U/I	P/UI	$\|Z\|\cos\varphi$	$\|Z\|\sin\varphi$	X/ω	$1/\omega X$
白炽灯									
荧光灯									
白炽灯+荧光灯									

2．分别并联各电容器，测量电压、电流、功率，计算线路功率因数

1）按照图3.7.7所示连接好电容器组和单极开关 S_3～S_6。注意电容器（见主教材图3.7.8）的连接方法。

2）CBB80电容器全部断开，分别合上开关QF、S_1、S_2，点亮白炽灯和荧光灯。

3）电源电压保持 220V 不变。依次合上开关 S_3、S_4、S_5、S_6，分别并联电容量 2μF、3μF、4μF 和 5μF，观察每一个电容值下 U、I、P，并把数值全部记录在表 3.7.2 中。（请注意白炽灯和荧光灯合成支路的电流和电路总电流的变化情况）。

4）对所测数据进行技术分析。根据所测数据分别计算各电容值下的功率因数 $\cos\varphi$（P/UI）。

5）根据 1 中所测得的白炽灯和荧光灯电路的等效电路参数，根据各电容容抗大小，采用复阻抗运算方法，分别计算出各电容值下的功率因数 $\cos\varphi$，记录在表 3.7.2 中，并与 4）题中测算的 $\cos\varphi$ 进行对比，判断电路在各 $\cos\varphi$ 下的性质（感性或容性?）。

表 3.7.2 等效电路参数测算记录表

数据 电容容量	测量值			测算值	理论值	感性、容性
	U（V）	I（A）	P（W）	$\cos\varphi$	$\cos\varphi$	
2μF						
3μF						
4μF						
5μF						

6）分析线路功率因数随并联的电容器容量大小的变化情况，对家居照明线路进行优化设计。

三、工作评价

任务七 工作过程考核评价表

序号	主要内容	考核要求	考核标准	配分	扣分	得分
1	工作准备	认真完成任务实施前的准备工作	（1）劳防用品穿戴不合规范，扣 5 分； （2）仪器仪表未调节，仪器仪表放置不当，每处扣 2 分； （3）电工实验实训装置未仔细检查就通电，扣 5 分； （4）材料、工具没检查，每件扣 2 分； （5）没有认真学习安全用电规程，扣 2 分； （6）没有进行触电抢救技能训练，扣 2 分； （7）没有准备好项目工作手册、记录本和铅笔、圆珠笔、三角板、直尺、橡皮等文具，有一处扣 2 分	10		
2	线路等效电路参数测算	正确按照测试步骤完成线路电压、电流、功率的测量并完成等效电路参数的计算	（1）不能正确按照测试线路图，接入仪表，每接错 1 处，扣 10 分； （2）测试不按步序进行，测试过程混乱，每处扣 10 分； （3）测试操作过程中，操作不规范，每处扣 5 分； （4）测试过程中，没有按要求正确记录，每处扣 10 分； （5）不能正确分析计算等效电路的参数，每个扣 5 分	30		

续表

序号	主要内容	考核要求	考核标准	配分	扣分	得分
3	线路功率因数的测算及线路优化设计	正确按照测试步骤完成不同电容值下线路电压、电流、功率的测量并计算功率因数的测算值和理论值，能正确分析功率因数的变化情况并优化设计室内照明线路	（1）不能正确在等效电路参数测试基础上按照线路设计图，接入电容器组，每接错1处，扣10分； （2）测试不按步序进行，测试过程混乱，每处扣10分； （3）测试操作过程中，操作不规范，每处扣5分； （4）测试过程中，没有按要求正确记录，每处扣10分； （5）不能正确分析计算不同电容值下功率因数的测算值，每个扣5分； （6）不能正确分析计算不同电容值下功率因数的理论值，每个扣5分； （7）不能正确分析功率因数随电容值的变化趋势及提出优化设计方案，扣10分	40		
4	仪器仪表、工具的简单维护	安装完毕，能正确对仪器仪表、工具进行简单的维护保养	未对仪器仪表、工具进行简单的维护保养，每个扣5分	10		
5	服从管理	严格遵守工作场所管理制度，认真实行5S管理	（1）违反工作场所管理制度，每次视情节酌情扣5～10分； （2）工作结束，未执行5S管理，不能做到人走场清，每次视情节酌情扣5～10分	10		
6	安全生产	测量过程中，违反安全生产规程，视情节酌情扣10～20分，违反安全规程出现人身、设备、仪器仪表等严重事故者，本次考核以0分计				
备注			成绩			
考核人（签名） 年　月　日						

任务八　成果验收以及验收报告和项目完成报告的制定

一、任务准备

（一）师生准备

任务实施前师生阅读学习《建筑照明设计规范（GB50034—2004）》以及《电气照明装置施工及验收规范（GB50259—1996）》（见教材中的附录B），并归纳总结出适合本项目的条款，做好成果验收准备。

（二）实践应用知识的学习

二、任务实施

1．成果验收

项目工作小组之间按照标准互相进行成果验收评价，并制定验收报告。第 n 组对第 $n+3$ 组评价，若 $n+3>N$（N 是项目工作小组总组数），则对第 $n+3-N$ 组进行成果验收评价。

2. 成果验收报告制定

项目三 验收报告书

项目执行部门		项目执行组	
项目安排日期		项目实际完成日期	
项目完成率		复命状态	主动复命 □
未完成的工作内容		未完成的原因	
项目验收情况综述			
验收评分		验收结果	达标□ 基本达标□ 不达标□ 很差□
验收人签名		验收日期	

3. 项目完成报告制定

项目三 完成报告书

项目执行部门			项目执行组	
项目执行人			报告书编写时间	
项目安排日期			项目实际完成日期	
项目实施任务1：项目实施文件制定及工作准备	内容概述			
	完成结果			
	分析结论			
项目实施任务2：典型简单家居室内照明线路的设计与安装	内容概述			
	完成结果			
	分析结论			
项目实施任务3：家居室内照明线路的调试与荧光灯线路故障排除	内容概述			
	完成结果			
	分析结论			
项目实施任务4：优化设计提高家居室内照明线路的功率因数	内容概述			
	完成结果			
	分析结论			
项目实施任务5：成果验收及验收报告和项目完成报告的制定	内容概述			
	完成结果			
	分析结论			

续表

项目工作小结：（本项目已经完成，对于项目的实施需要哪些知识及技能，以及对项目的实施有什么看法、建议或体会，请编写出项目工作小结，若字数多可另附纸）

三、工作评价

任务八　任务完成过程考评表

序号	评价内容	评价要求	评价标准	配分	得分
1	学习表现	认真完成任务，遵章守纪、表现积极	按照拟定的平时表现考核表相关标准执行	10	
2	成果验收	认真按照验收标准完成成果验收	（1）成果验收未按标准进行，每处扣 10 分； （2）成果验收过程不认真，每处扣 10 分	20	
3	成果验收报告书制定	认真按照要求规范、完整地填写好成果验收报告书	（1）报告书填写不认真，每处扣 10 分； （2）报告书各条目未按要求规范填写，每处扣 10 分； （3）报告书各条目内容填写不完整，每处扣 10 分	20	
4	项目完成报告书制定	认真按照要求规范、完整地填写好项目完成报告书	（1）报告书填写不认真，每处扣 10 分； （2）报告书各条目未按要求规范填写，每处扣 10 分； （3）报告书各条目内容填写不完整，每处扣 10 分； （4）无项目工作小结，扣 30 分； （5）项目工作小结撰写的其他情况，参考（1）～（3）评分	50	
4	合计				
5	备注				

知识技能拓展

知识技能拓展 1　谐振电路谐振特性分析及测试

一、任务准备

（一）知识答卷

知识技能拓展 1　知识水平测试卷

1．为什么把串联谐振叫电压谐振，把并联谐振叫电流谐振呢？

2．分析并简述谐振时能量的消耗和互换情况。

3．一个线圈和电容器串联发生谐振时，线圈上电压为 18V，电容上电压为 12V，线圈等效电阻为 2Ω，问电源电压是多少？电路电流是多少？

4．如测试题 4 的图所示电路中，当ω=500rad/s 时，RLC 并联电路发生谐振，已知 R=5Ω，L=400mH，端电压 U=1V。求电容 C 的值及电路中的电流和各元件电流的瞬时表达式。

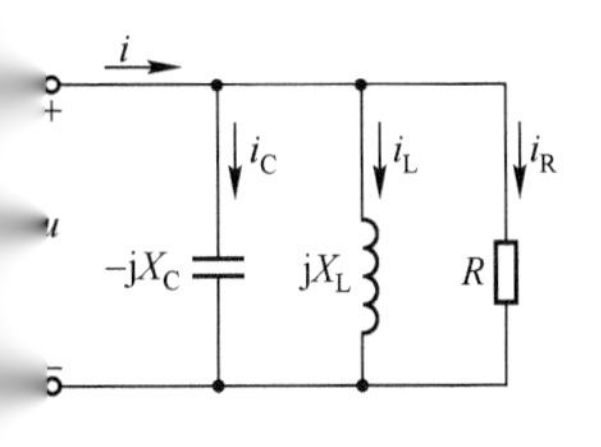

测试题 4 的图

5．如测试题 5 图所示电路中，U_S=180V，当ω_0=1000rad/s 时电路发生谐振，R_1=R_2=100Ω，L=0.2H，求 C 值和电压源端电流 I。

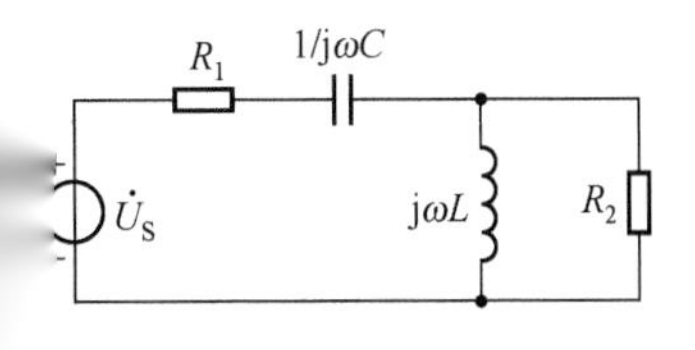

测试题 5 的图

（二）知识学习考评成绩

知识技能拓展 1　知识学习考评表

序号	评价内容	评价要求	评价标准	配分	得分
1	学习表现	认真完成任务，遵章守纪	按照拟定的平时表现考核表相关标准执行	15	
2	学习准备	认真按照规定内容，做好学习准备工作	学习准备事项不全，一项扣 5 分	10	
3	积极性、创新性	积极认真按照要求完成学习内容，并进行创新性学习	积极性、创新性有一项缺乏扣 5 分	10	
4	知识水平测试卷	按时、认真、正确完成答卷	（1）未做或做错，每题扣 10 分； （2）回答不全，每题扣 5 分	50	
5	课后作业	认真并按时完成课后作业	（1）作业缺题未做，一题扣 3 分； （2）作业不全，一题扣 2 分，累计最多不超过 10 分； （3）作业错误，一题扣 1 分； （4）作业未做，本项成绩为 0 分	15	
6	合计				
7	备注				

二、任务实施

1．确定谐振频率

按右图 3.9.14 连接电路，调节信号源输出电压 U=10V，输出阻抗为 600Ω，改变信号源的输出频率，用毫伏表观测 U_R 的变化，当 U_R 达到最大值时，此时电源的频率即为该电路谐振状态的谐振频率 f_0，将 f_0 记入表 3.9.2 中。

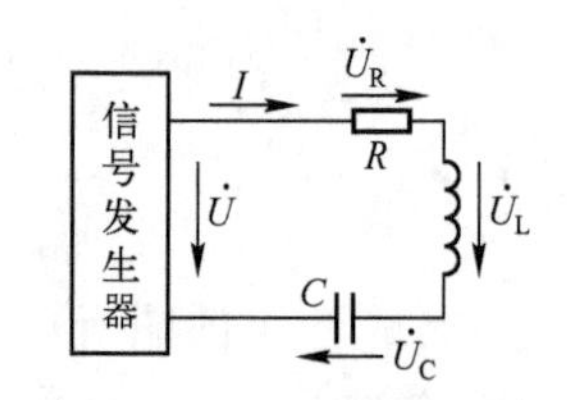

图 3.9.14　串联谐振实验线路

2．验证谐振电路特点

保持信号发生器的输出电压不变，测量在谐振频率 f_0 下，U_R、U_L 和 U_C 的值填入表 3.9.2。

表 3.9.2　数据记录表

电路参数			测量结果				计算结果	
$R(\Omega)$	L(mH)	$C(\mu F)$	f_0 (Hz)	U_R (V)	U_L (V)	U_C (V)	$I=U/R$	Q

3．测定谐振曲线

在谐振频率的两侧选取 4～5 个测量点，分别测量各频率点的 U_R 值，记入表 3.9.3 中。（注意：每次改变频率后，都应保持信号源的输出电压不变，否则会影响实验的准确性。毫伏表也应每改变一次量程，重新校正零点）。改变 R 或 C 的数值，重复该测量。

表 3.9.3　数据记录表

测量值	f(Hz)									
	U_R									
计算值	I (mA)									
	f/f_0									
	I/I_0									

4．观测电流和电压的相位关系

保持信号源电压不变，分别选取 $f_1(f_0 > f_1)$， f_0， $f_2(f_2 > f_0)$ 三个实验点，用示波器观察 u_R 和 u 的波形，并绘制在波形纸上。

5．根据测试的数据，绘制串联谐振电路的谐振曲线

三、工作评价

知识技能拓展 1 工作过程考核评价表

序号	评价内容	评价要求	评价标准	配分	得分
1	工作准备	认真完成测量前的准备工作	（1）劳防用品穿戴不合规范，扣 5 分； （2）仪器仪表未调节，仪器仪表放置不当，每处扣 2 分； （3）电工实验装置未仔细检查就通电，扣 5 分； （4）材料、工具没检查，每件扣 2 分； （5）没有认真学习安全用电规程，扣 2 分； （6）没有进行触电抢救技能训练，扣 2 分； （7）没有复习并掌握好示波器使用的方法，扣 2 分； （8）没有准备好项目工作手册、记录本和铅笔、圆珠笔、三角板、直尺、橡皮等文具，有一处扣 2 分	10	
2	测量过程	测量过程准确无误	（1）不能在波形记录纸上正确测绘正弦交流电压 u_R 和 u 波形，扣 10 分； （2）运用示波器测量波形前自检过程中，操作错误每处扣 5 分； （3）不能正确运用毫伏表观测谐振频率，每处扣 10 分； （4）不能正确通过毫伏表测量谐振频率时的电阻器、电感器、电容器两端电压，每失误 1 次扣 10 分； （5）测绘谐振曲线各点频率和电压值有误，每失误 1 次扣 10 分； （6）谐振曲线绘制有误，每处扣 5 分	40	

续表

序号	评价内容	评价要求	评价标准	配分	得分
3	测量结果	测量结果在允许误差范围之内，并能正确分析判断	（1）测量结果有较大误差或错误，每处扣 10 分； （2）分析判断错误，每处扣 10 分； （3）不能正确绘制幅相特性曲线，每处扣 10 分	30	
4	仪器仪表、工具的简单维护	测量完毕，能正确对仪器仪表、工具进行简单的维护保养	未对仪器仪表、工具进行简单的维护保养，每个扣 5 分	10	
5	服从管理	严格遵守工作场所管理制度，认真实行 5S 管理	（1）违反工作场所管理制度，每次视情节酌情扣 5～10 分； （2）工作结束，未执行 5S 管理，不能做到人走场清，每次视情节酌情扣 5～10 分	10	
6	安全生产	测量过程中，违反安全生产规程，视情节酌情扣 10～20 分，违反安全规程出现人身、设备、仪器仪表等严重事故者，本次考核以 0 分计			
备　注			成　绩		
考核人（签名）			年　月　日		

思考与练习

一、单项选择题

1．正弦交流电的三要素是指（　　）。

A．电阻、电感、电容　　B．有效值、频率和初相

C．电流、电压和相位差　　D．瞬时值、最大值和有效值

2．两个正弦交流电电流的解析式是：$i_1=10\sin(314t+\pi/6)$A，$i_2=10\sin(314t+\pi/4)$A。这两个式中两个交流电流不相同的量是（　　）。

A．最大值　　B．有效值　　C．周期　　D．初相位

3．已知一交流电流，当 t=0 时的值 i_0=1A，初相位为 30°，则这个交流电的有效值为（　　）。

A．0.5A　　B．1.414A　　C．1A　　D．2A

4．正弦交变电源与电阻 R、交流电压表按照如图所示的方式连接，R=10Ω，交流电压表的示数是 10V，教材图 3.10.1 是交变电源输出电压 u 随时间 t 变化的曲线，则（　　）。

A．通过 R 的电流 i_R 随时间 t 变化的规律是 $i_R=\sqrt{2}\cos100\pi t$(A)

B．通过 R 的电流 i_R 随时间 t 变化的规律是 $i_R=\sqrt{2}\cos50\pi t$(A)

C．R 两端的电压 u_R 随时间 t 变化的规律是 $u_R=5\sqrt{2}\cos100\pi t$(V)

D．R 两端的电压 u_R 随时间 t 变化的规律是 $u_R=5\sqrt{2}\cos50\pi t$(V)

5．把频率为 50Hz 的正弦交变电压 $u=120\sqrt{2}\sin(\omega t)$ V 作为电源电压（如图所示），加在熄灭电压为 84V 的霓虹灯的两端，半个周期内霓虹灯点亮的时间是（　　）。

A．T/3　　B．T/6　　C．2T/3　　D．T/2

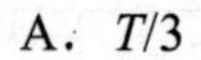

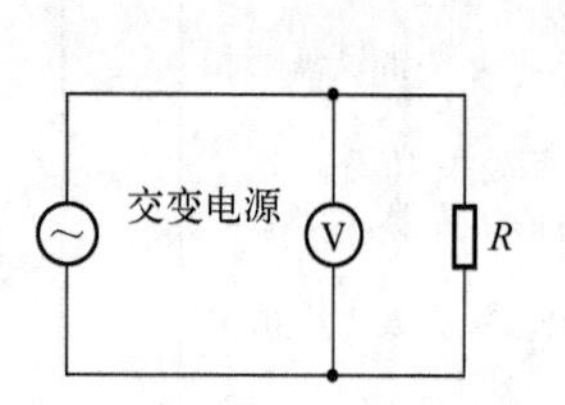

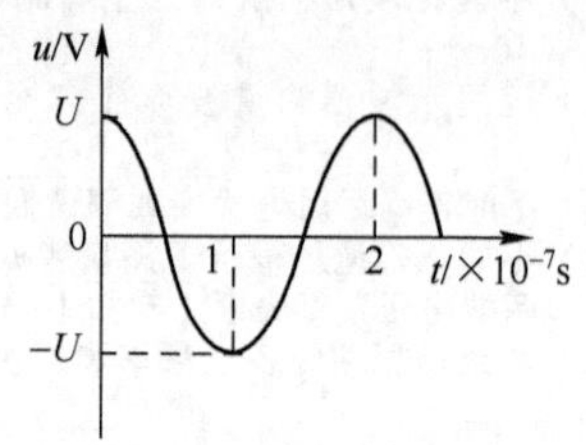

单选题 4 图

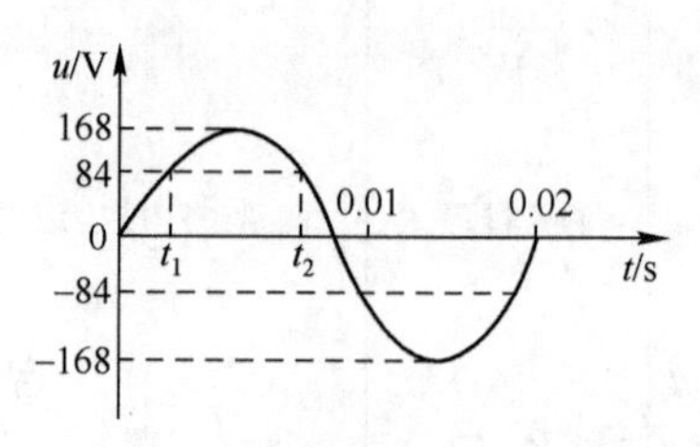

单选题 5 图

6．如下图所示一交流电随时间而变化的曲线，此交流电流的有效值是（　　）。

（提示：先求解一个周期中每半个周期的发热量表达式，然后根据交流电流有效值一个周期发热量表达式与之相等求解）

A．$5\sqrt{2}$ A 　　B．5A 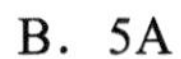　　C．2.5A　　D．3.5A

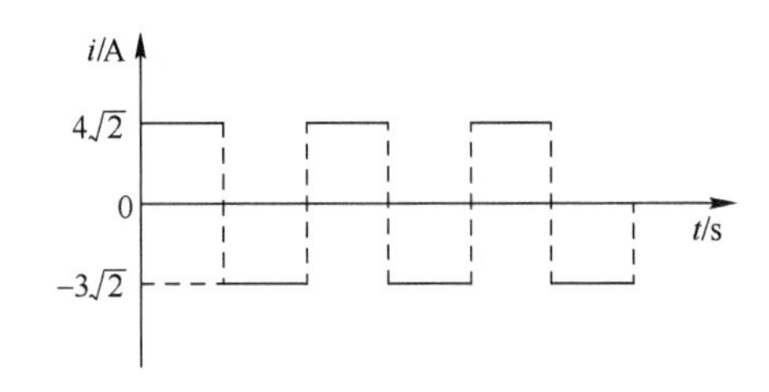

单选题 6 图

7．在纯电容电路中，正确的关系式是（　　）。

A．$I=\omega CU$　　B．$I=U/\omega C$　　C．$I=U_m/X_c$　　D．$I=u/xC$

8．如图所示下列各正弦交流电路中，能使 u_2 滞后 u_1 的电路为（　　）。

A．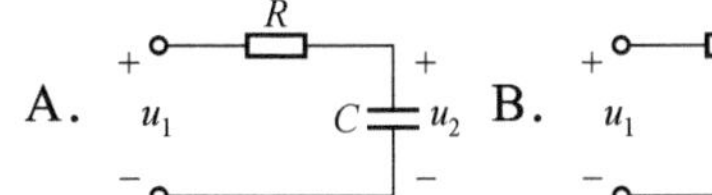

B．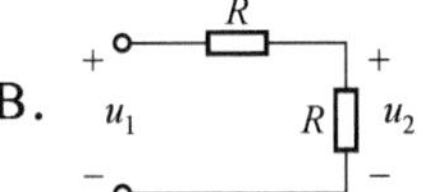

C．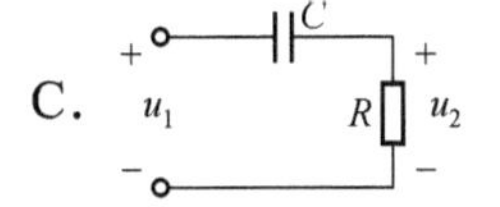

D．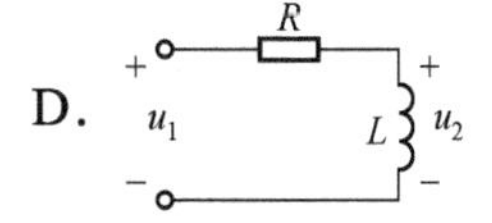

9．如图所示正弦交流电路中，已知 $u_S = U_m \sin \omega t$ V，欲使电流 i 为最大，则 C 应等于（　　）。

A．2F　　B．1F　　C．∞　　D．0

10．如图所示正弦交流电路中，已知 $\dot{I} = 1\angle 0°$ A，则图中 $\dot{I}_R$ 为（　　）。

A．$0.8\angle 53.1°$ A　　B．$0.6\angle 53.1°$ A　　C．$0.8\angle 36.9°$ A　　D．$0.6\angle 36.9°$ A

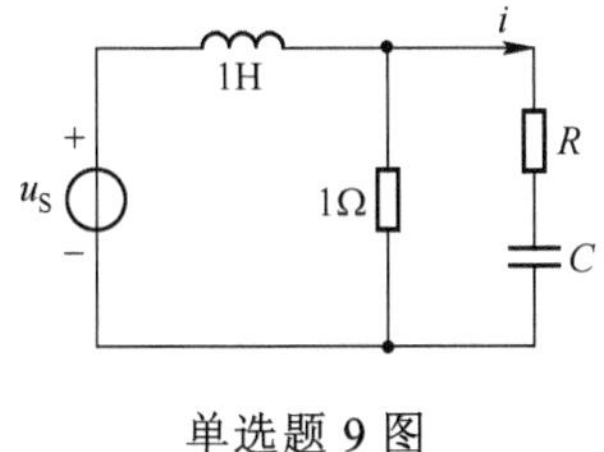

单选题 9 图

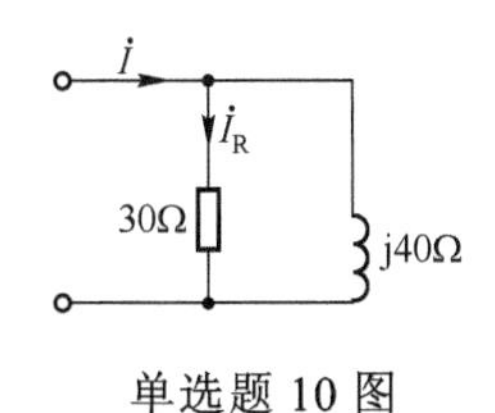

单选题 10 图

11．如图所示正弦交流电路中，已知 $\dot{U}_S = 10\angle 0°$ V，则图中电压 $\dot{U}$ 等于（　　）。

A．$10\angle 90°$ V　　B．$5\angle 90°$ V　　C．$10\angle -90°$ V　　D．$5\angle -90°$ V

12．交流电路中视在功率的单位是（　　）。

A．焦耳　　B．瓦特　　C．伏安　　D．乏

13．某负载所取的功率为 72kW，功率因数为 0.75（电感性，滞后），则其视在功率为（　　）。

A．72kVA　　B．54kVA　　C．96kVA　　D．81.6kVA

14．欲使如图所示正弦交流电路的功率因数为 0.707，则 $1/\omega C$ 应等于（　　）。

A．0　　B．5Ω　　C．20Ω　　D．10Ω

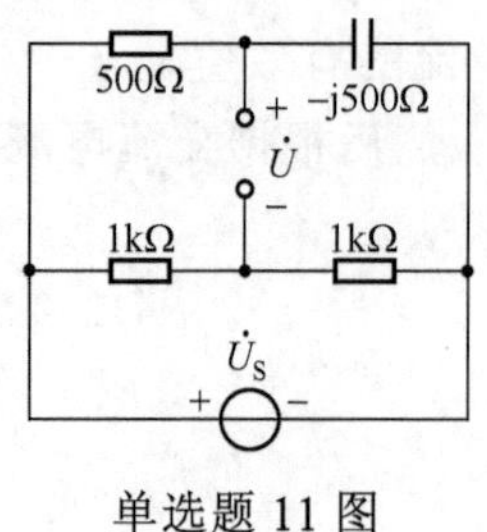

单选题 11 图

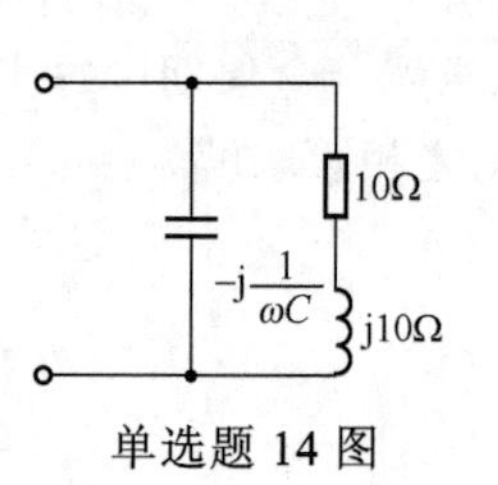

单选题 14 图

15．将电阻 R 两端接 20V 的恒定电压时，电阻 R 消耗的功率是 10W，如果将这个电阻 R 两端接上如图所示的正弦交流电压时，这电阻实际消耗的功率是（　　）。

A．5W　　B．7.07W　　C．10W　　D．15W

16．如图所示正弦交流电路中，若 $\dot{I}_S = 2\angle 0°$ A，则电路的无功功率 Q 等于（　　）。

A．10var　　B．20var　　C．−10 var　　D．−20 var

17．如图所示正弦交流电路中，已知 R=8Ω，ωL =6Ω，$1/\omega C$ =12Ω，则该电路的功率因数等于（　　）。

A．0.6　　B．0.8　　C．0.75　　D．0.25

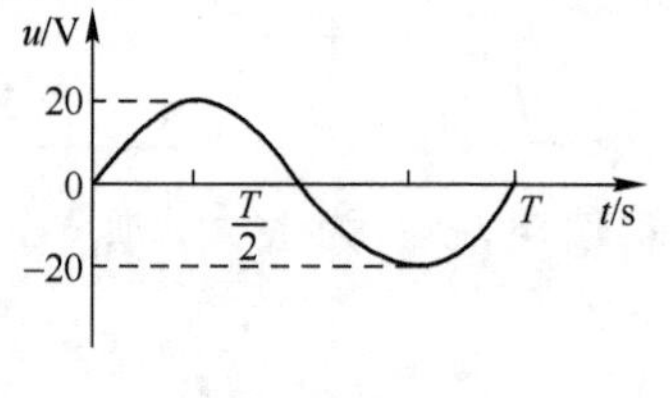

单选题 15 图

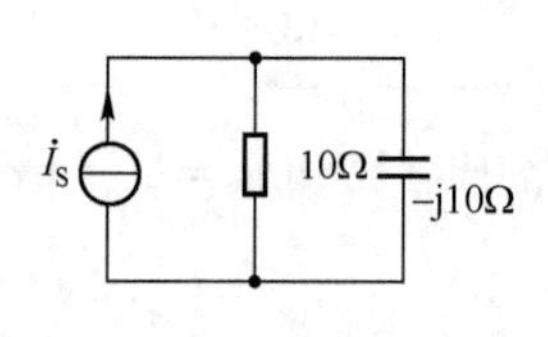

单选题 16 图

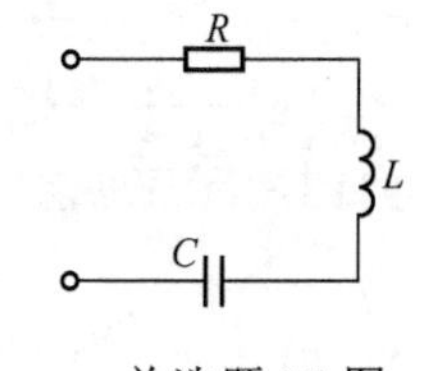

单选题 17 图

18．若 RLC 串联谐振电路的电感 L 增大一倍，则 Q 值（　　）。

A．增大一倍　　B．增大为 $\sqrt{2}$ 倍

C．增大为 $\frac{1}{\sqrt{2}}$ 倍　　D．不属于以上三种情况

19．判别如图所示电路当可变频率的电源作用时，是否达到并联谐振状态可根据（　　）。

A．电源频率等于 $\frac{1}{\sqrt{LC}}$　　B．电感支路电流达最大

C．总电流与端电压同相　　D．电感两端电压达最大

20．如图所示电路在谐振时，电容和电感支路电流的正确关系式为（　　）。

A．$\dot{I}_C = \dot{I}_L$　　B．$I_C = I_L$　　C．$I_C = -I_L$　　D．以上皆非

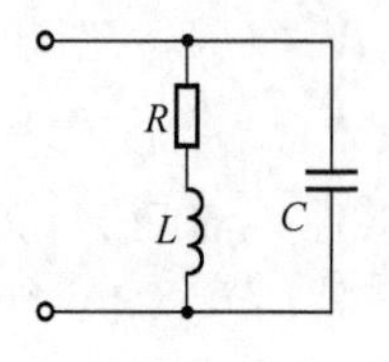

单选题 19 图

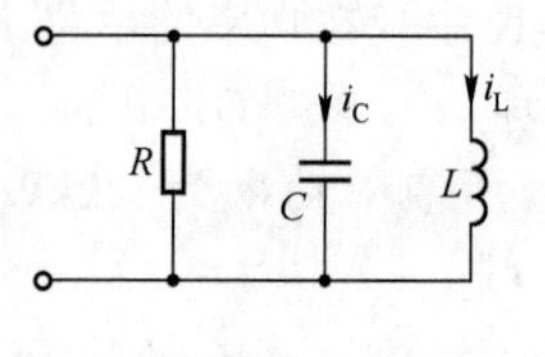

单选题 20 图

二、填空题

1．一交流电压随时间变化的图像如图所示，则此交流电的频率是___Hz，若将该电压加在

10μF 的电容器上，则电容器的耐压值不应小于____V；若将该电压加在一阻值为 1kΩ的纯电阻用电器上，用电器恰能正常工作，为避免意外事故的发生，电路中保险丝的额定电流不能低于____A。

2．如图表示一交流随时间变化的图像，此交流的有效值____A。（根据有效值的定义，选择一个周期的时间，利用在相同时间内通过相同的电阻所产生的热量相同）

3．如图所示正弦交流电路中，已知 $u=100\sqrt{2}\cos 10^3 t$ V，电源向电路提供功率 P=300W，u_L 的有效值为 50V，R=____________和 L=____________。

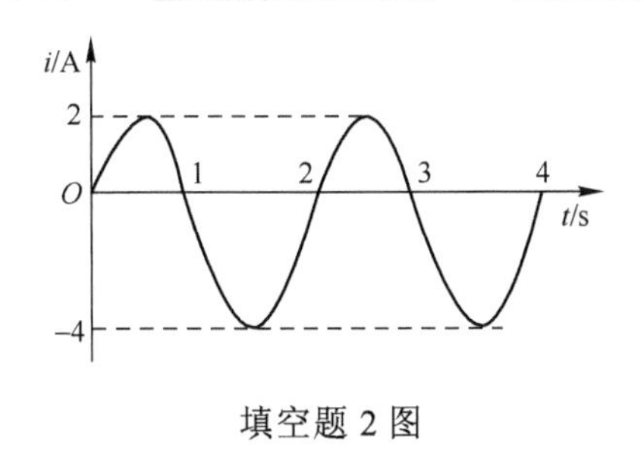

填空题 2 图

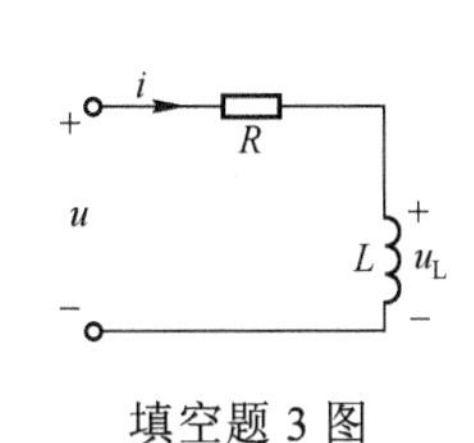

填空题 3 图

4．如图所示正弦交流电路中，已知 $i_2=I_{2m}\sin(2t-53.1°)$ A，$i_1=5\sqrt{2}\sin(2t+36.9°)$ A，$i_3=10\sin(2t+\psi_3)$，则 i_2 的有效值 I_2=____________。（提示：根据三电流的相量图求解，由相量 KCL，可知 $\dot{I}_2=\dot{I}_1+\dot{I}_3$。）

5．在 RLC 并联的正弦交流电路中，当频率为 f_1 时，三并联支路电流的有效值 I_R、I_L、I_C 均为 1A，则当频率 $f_2=2f_1$ 时，三并联支路电流的有效值 I_R、I_L、I_C 分别为________、________、________，总电流的有效值为__________。

6．如下图所示正弦交流电路的相量模型中，$\dot{I}_1$=______A，$\dot{I}_2$=______A。

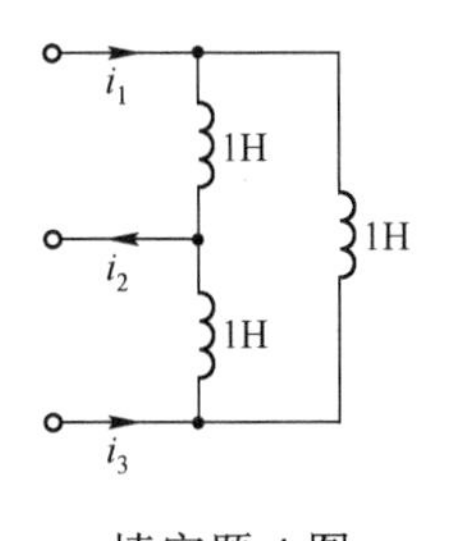

填空题 4 图

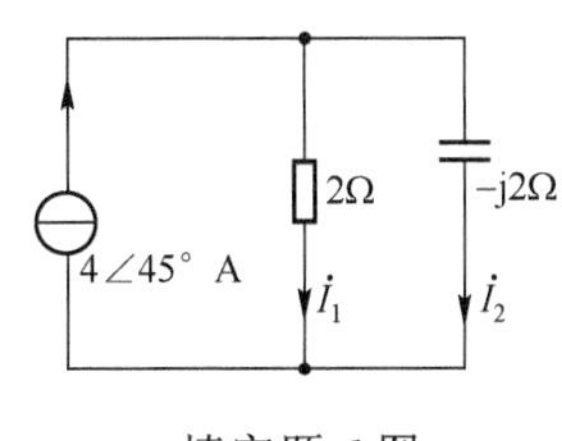

填空题 6 图

7．如图所示正弦交流电路中，已知 $R=\omega L$=16Ω，$\dfrac{1}{\omega C}$=14Ω，复阻抗 Z=______Ω。

8．如图所示正弦交流电路中，已知 ω=1rad/s，复阻抗 Z_{ab}=______Ω。

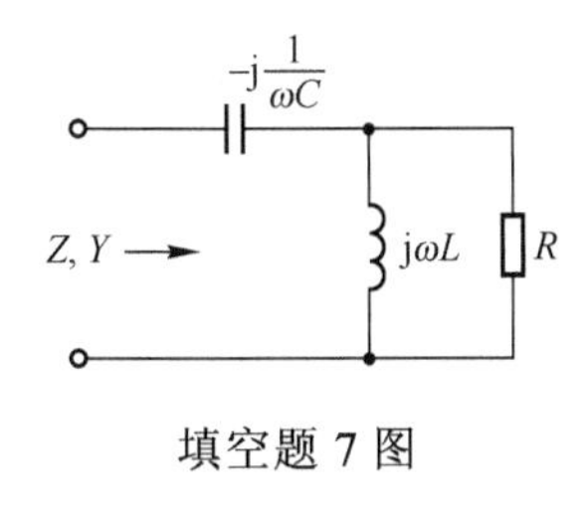

填空题 7 图

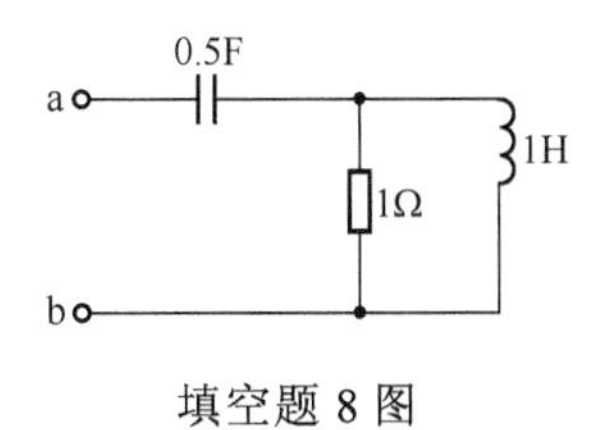

填空题 8 图

9．如图所示正弦交流电路中，已知 $i_S=10\sqrt{2}\sin(100t+15°)$A，$R$=10Ω，$L$=0.1H，$C$=500μF。

电压 u=______，电路的功率 P=______。

10．如下图所示正弦交流电路中，已知 $u=100\sqrt{2}\sin 10^4 t\,\text{V}$，电容调至 $C=0.2\mu\text{F}$ 时，电流表读数最大，I_{max}=10A，求 R、L。（提示：最大电流时，电路串联谐振。）

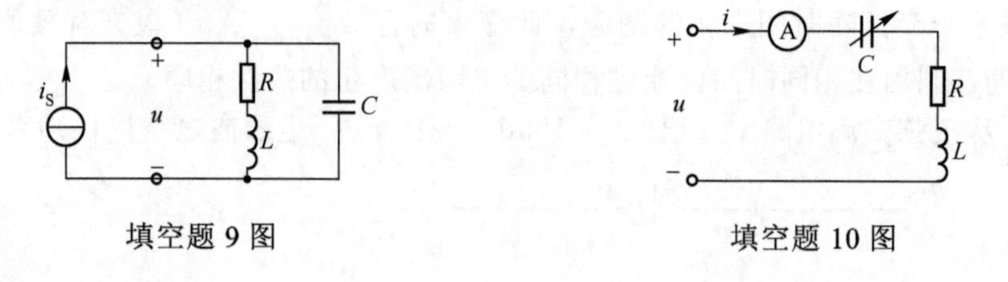

填空题 9 图　　　　填空题 10 图

三、计算题

1．已知 $u=10\sqrt{2}\sin(100t-90^\circ)\text{V}$（$t$ 以 s 为单位），试求出它的幅值、有效值、周期、频率及角频率。

2．写出对应于下列相量的正弦量，并画出它们的相量图（设它们都是同频率的）。

（1）$\dot{I}_1=(4+\text{j}5)\text{A}$；（2）$\dot{I}_2=30\angle 60^\circ\text{A}$；（3）$\dot{U}_1=(10+\text{j}15)\text{V}$；（4）$\dot{U}_2=41\angle\dfrac{\pi}{4}\text{V}$。

3．一电容接到工频 220V 的电源上，测得电流为 0.6A，求电容器的电容量。若将电源频率变为 500Hz，电路的电流变为多大？

4．若有一电压相量 $\dot{U}=a+\text{j}b$，电流相量 $\dot{I}=c+\text{j}d$，问在什么情况下这两个相量相同，电压超前电流 90° 及反相。

5．如图所示，$I_1 = 10\text{A}$，$I_2 = 10\sqrt{2}\text{A}$，$U = 200\text{V}$，$R = 5\Omega$，$R_2 = X_L$，试求I、X_L、X_C及R_2。

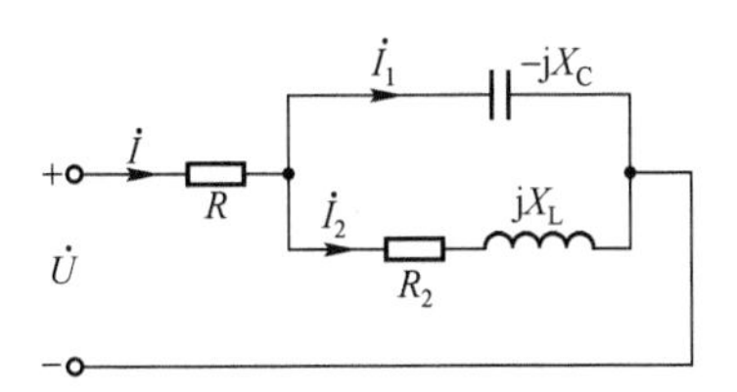

计算题 5 图

6．如图所示移相电路中，已知输入正弦电压u_1的频率$f = 300\text{Hz}$，$R = 100\Omega$。要求输出电压u_2的相位要比u_1滞后45°，问电容C的值应该为多大？如果频率增高，u_2比u_1滞后的角度增大还是减小？

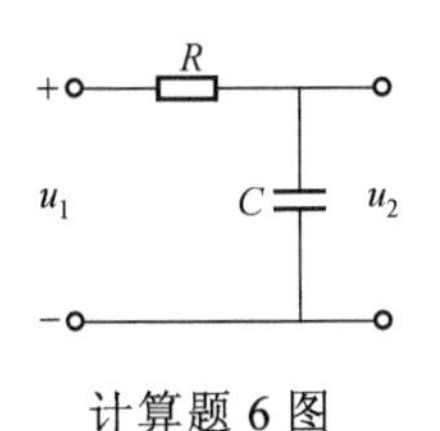

计算题 6 图

7．如图所示，$I_1 = I_2 = 10\text{A}$，$U = 100\text{V}$，u和i同相，试求I、R、X_C及X_L。

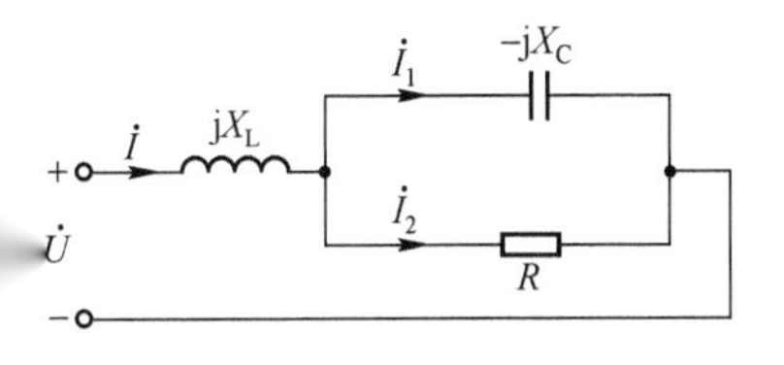

计算题 7 图

8．如图所示电路，已知R_1=40Ω，X_L=157Ω，R_2=20Ω，X_C=114Ω，电源电压$\dot{U} = 220\angle 0°\text{V}$，频率$f = 50\text{Hz}$。试求支路电流$\dot{I}_1$、$\dot{I}_2$和总电流$\dot{I}$，并作相量图。

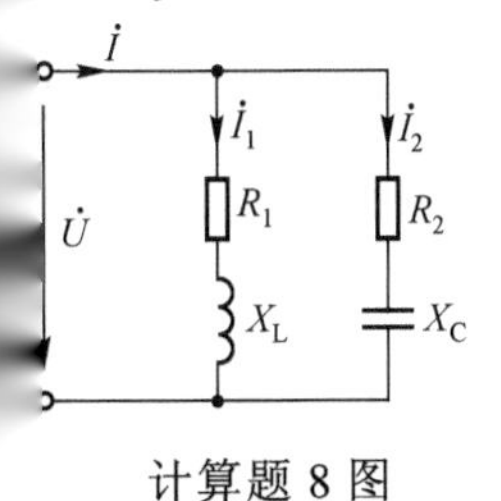

计算题 8 图

9．如图所示电路中，已知 $R=50\Omega$ ，$r=12.8\Omega$ ，$L=0.127\text{H}$ ，$C=39.8\text{uF}$ ，$U_{\text{rL}}=168\text{ V}$，$f=50\text{Hz}$ 。试求：（1）电压 U 、电流 I 、电压 U_{AB} ；（2）整个电路的 $\cos\varphi$ 、P 、Q 及 S ；（3）做出电路的电压、电流（包括 $\dot{U}_{\text{R}}$ 、$\dot{U}_{\text{rL}}$ 、$\dot{U}_{\text{C}}$ 、$\dot{U}$ 、$\dot{U}_{\text{AB}}$ 及 $\dot{I}$ ）的相量图。

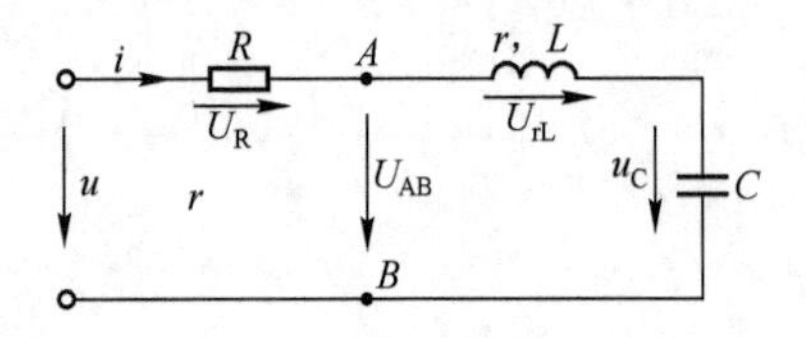

计算题 9 图

10．有一电感线圈，其阻抗 $Z=r+\text{j}X_{\text{L}}$ ，与一电阻 R 及一电容 C 串联后，接于频率 $f=50\text{Hz}$ 的交流电源上，如图所示。现测得电路的电流为 1A，电阻 R 上的电压 $U_{\text{R}}=\sqrt{3}\text{ V}$，电容上的电压 $U_{\text{C}}=1\text{ V}$，电感线圈两端的电压 $U_{\text{rL}}=5\text{ V}$，电源电压 $U=5\text{ V}$，试求线圈的参数 r 及 L 。

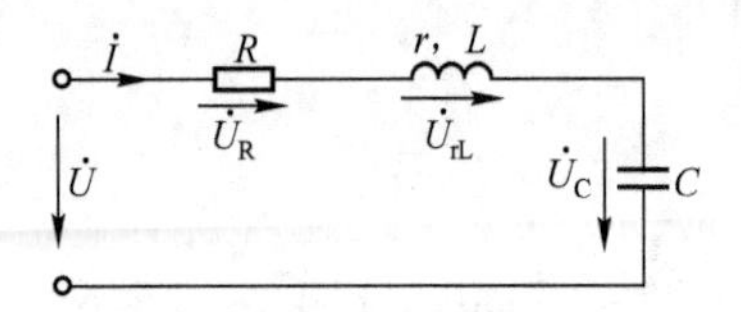

计算题 10 图

11．在如图所示电路中，已知 $u=220\sqrt{2}\sin 314t\text{ V}$, $i_1=22\sin(314-45^\circ)\text{ A}$, $i_2=11\sqrt{2}\sin(314t+90^\circ)\text{ A}$，试求各仪表读数及电路的参数 R 、L 和 C 。

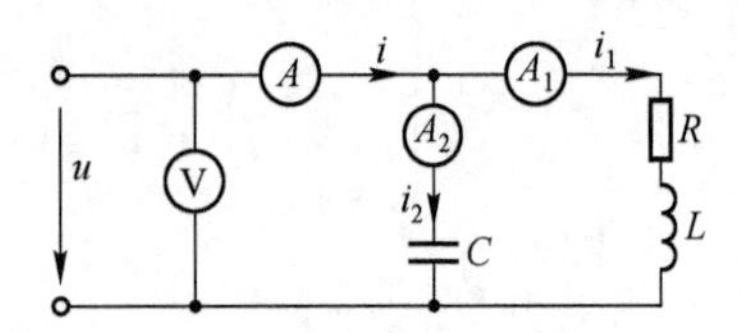

计算题 11 图

12．RLC 并联电路如图所示，已知电源电压 $\dot{U}=120\angle 0^\circ\text{ V}$，频率为 50 Hz ，试求各支路中的电流 $\dot{I}_{\text{R}}$ 、$\dot{I}_{\text{L}}$ 、$\dot{I}_{\text{C}}$ 及总电流 $\dot{I}$ ；并求出电路的 $\cos\varphi$ 、P 、Q 和 S ；画出相量图。

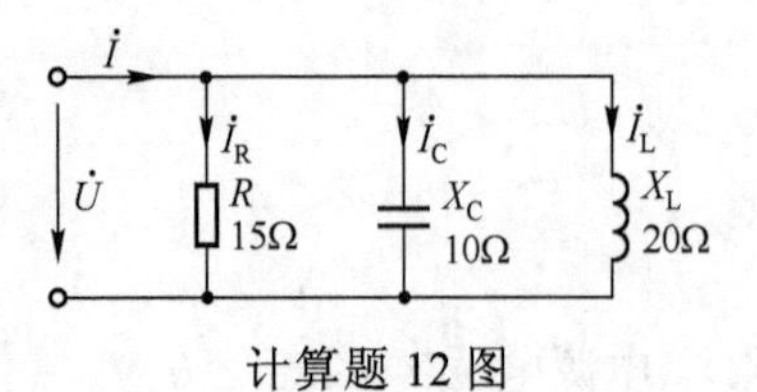

计算题 12 图

13．如图所示，$U=220\text{V}$ ，$R_1=10\Omega$ ，$X_{\text{L}}=10\sqrt{3}\ \Omega$ ，$R_2=20\Omega$ ，试求各个电流和平均功率。

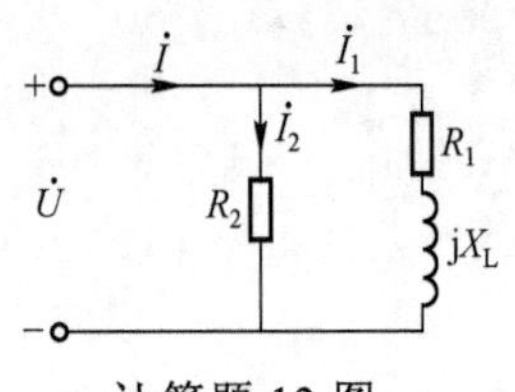

计算题 13 图

14．某车间拟使用一台 220V、200W 的电阻炉，但其电源为 380V，为了使电炉不烧坏，想采用串联电感线圈的方法。若电感线圈的电阻忽略不计，试求线圈的感抗、端电压、无功功率及电路的功率因数。采用串联电阻的办法，试求该电阻的数值、端电压及额定功率。根据计算的结果比较上述两种方法的优缺点。

15．有一交流电动机,其输入功率 $P = 3\,\text{kW}$，电压 $U = 220\text{V}$，功率因数 $\cos\varphi = 0.6$，频率 $f = 50\text{Hz}$，今将 $\cos\varphi$ 提高到0.9，问需与电动机并联多大的电容 C？

16．在220V的线路上，并接有20只40W，功率因数为0.5的荧光灯和 100 只40W的白炽灯，求线路总的用功功率，无功功率、视在功率和功率因数。

17．某电感元件电感 $L = 25\,\text{mH}$，若将它分别接至 50Hz、220 V 和5000Hz 、220V的电源上，其初相角 φ=60°，即 $\dot{U} = 220\angle 60^\circ\,\text{V}$，试分别求出电路中的电流 $\dot{I}$ 及无功功率 Q_L。

18．如图所示电路，外加交流电压$U=220\text{V}$，频率$f=50\text{Hz}$，当接通电容器后测得电路的总功率$P=2\text{kW}$，功率因数$\cos\varphi=0.866$（感性）。若断开电容器支路，电路的功率因数$\cos\varphi'=0.5$。试求电阻R、电感L及电容C。

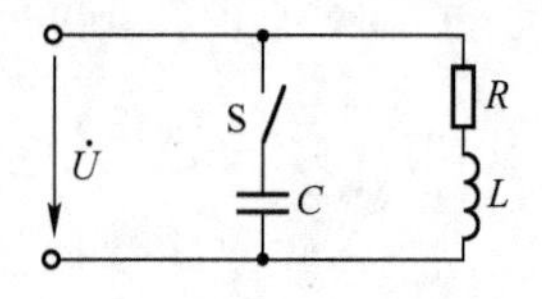

计算题18图

19．一RLC串联电路，它在电源频率$f=500\text{Hz}$时发生谐振，谐振时电流为0.2A，容抗X_C为314Ω，并测得电容电压U_C为电源电压U的20倍。试求该电路的电阻R和电感L。

20．如图所示电路在谐振时，$I_1=I_2=10\text{A}$，$U=50\text{V}$，求R、X_L、X_C的值。

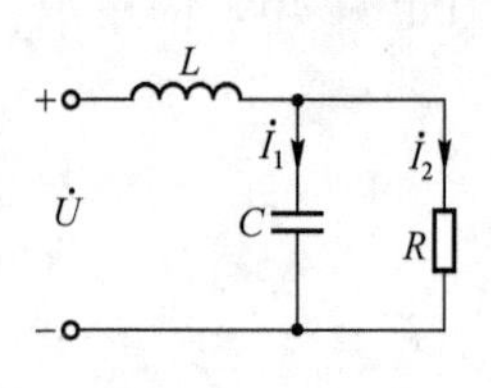

计算题20的图

项目四 加工车间三相供配电装置的设计、制作与调试

任务一 项目实施文件制定及工作准备

一、项目实施文件制定

1. 项目工作单

参考教材表1.1.1，各项目小组完成项目工作单的填写。

项目四 工作单

<table>
<tr><td>项目编号</td><td>XMZX-JS-20□□□□□□</td><td>项目名称</td><td>加工车间三相供配电装置的设计、制作与调试</td></tr>
<tr><td rowspan="3">项目等级</td><td colspan="3">宽松（ ） 一般（ ） 较急（ ） 紧急（ ） 特急（ ）</td></tr>
<tr><td colspan="3">不重要（ ） 普通（ ） 重要（ ） 关键（ ）</td></tr>
<tr><td colspan="3">暂缓（ ） 普通（ ） 尽快（ ） 立即（ ）</td></tr>
<tr><td>项目发布部门</td><td></td><td>项目执行部门</td><td></td></tr>
<tr><td>项目执行组</td><td></td><td>项目执行人</td><td></td></tr>
<tr><td>项目协办人</td><td></td><td>协办人职责</td><td>协助任务组长认真完成工作任务</td></tr>
<tr><td>项目工作内容描述</td><td colspan="3"></td></tr>
<tr><td>项目实施步骤</td><td colspan="3"></td></tr>
<tr><td>计划开始日期</td><td></td><td>计划完成日期</td><td></td></tr>
<tr><td rowspan="6">工时定额</td><td></td><td colspan="2"></td></tr>
<tr><td></td><td colspan="2"></td></tr>
<tr><td></td><td colspan="2"></td></tr>
<tr><td></td><td colspan="2"></td></tr>
<tr><td></td><td colspan="2"></td></tr>
<tr><td></td><td colspan="2"></td></tr>
<tr><td>理解与承诺</td><td colspan="3">执行人（签字）：
年 月 日</td></tr>
<tr><td>备注</td><td colspan="3"></td></tr>
</table>

* 备注：表中1工时在组织教学时，可与1课时对等，以下同。

2．生产工作计划

3．组织保障和安全技术措施

4．人员安排方案

二、工作准备

1．项目实施材料、工具、生产设备、仪器仪表等准备（　　）

每个项目小组参照主教材表4.1.1物资清单准备。

2．技术资料准备（　　）

1）准备好示波器、功率表、交流电压表、电流表等仪器仪表，以及荧光灯、电容器等电气设备的使用说明书。

2）准备好《建筑照明设计规范GB50034—2004》。

3）准备好《电气照明装置施工及验收规范GB 50259－1996》，见附录B。

4）《电工手册》一本。

三、工作评价

任务一　任务完成过程考评表

序号	评价内容	评价要求	评价标准	配分	得分
1	学习表现	认真完成任务，遵章守纪、表现积极	按照拟定的平时表现考核表相关标准执行	20	
2	项目实施文件	项目实施文件数量齐全、质量合乎要求	（1）项目工作单、生产工作计划、组织保障、安全技术措施、人员安排方案等项目实施文件，每缺一项扣20分； （2）项目实施文件制定质量不合要求，有一项扣10分	40	
3	项目实施工作准备	积极认真按照要求完成项目实施的各项准备工作	（1）有一项未准备扣20分； （2）有一项准备不充分扣10分	40	
4	合计				
5	备注				

任务二　加工车间三相供配电装置动力负载电路的设计、安装和调试

一、任务准备

（一）知识答卷

任务二　知识水平测试卷

1．三个电动势的__________相等，__________相同，_________互差 120°，就称为对称三相电动势。

2．对称三相正弦量（包括对称三相电动势，对称三相电压、对称三相电流）的瞬时值之和等于______________。

3．三相电压到达振幅值（或零值）的先后次序称为___________。

4．三相电压的相序为 U-V-W 的称为________相序，工程上通用的相序指_________相序。

5．对称三相电源，设 V 相的相电压 $\dot{U}_V$=220∠90° V，则 U 相电压 $\dot{U}_U$=__________，W 相电压 $\dot{U}_W$=____________。

6．三相电路中，对称三相电源一般联结成_________或_________两种特定的方式。

7．三相四线制供电系统中可以获得两种电压，即___________和____________。

8．对称三相电源为星形联结，端线与中性线之间的电压叫_______________。

9．有一台三相发电机，其三相绕组接成星形时，测得各线电压均为 380V，则当其改接成三角形时，各线电压的值为_____________。

10．在图中，$\dot{U}_U$=220∠0° V，$\dot{U}_V$=220∠−120° V，$\dot{U}_W$=220∠120° V，则各电压表读数为 V_1=_________，V_2=__________，V_3=___________，V_4=__________。

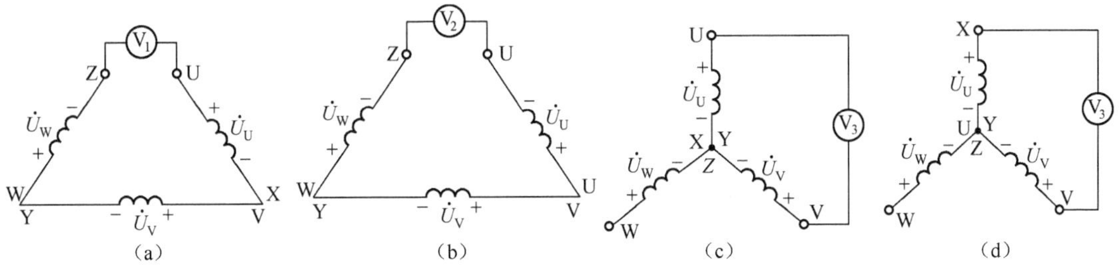

V_1 Z U $\dot{U}_W$ $\dot{U}_U$ W Y X V $\dot{U}_V$ （a）
V_2 Z U $\dot{U}_W$ $\dot{U}_U$ W Y U V $\dot{U}_V$ （b）
U $\dot{U}_U$ X Y Z $\dot{U}_W$ $\dot{U}_V$ V_3 W V （c）
X $\dot{U}_U$ U Y Z $\dot{U}_W$ $\dot{U}_V$ V_3 W V （d）

题 10 图

11．什么是对称三相电源？它们是怎样产生的？

12．已知三个电源分别为 $\dot{U}_{AB}$=220∠0° V，$\dot{U}_{CD}$=220∠60° V，$\dot{U}_{EF}$=220∠−60° V，请问能接成对称三相电源吗？为什么？

13．已知对称三相电源竖形连接，$u_{UV}=380\sqrt{2}\sin(314t+90°)$V，求：相电压$\dot{U}_U$、$\dot{U}_V$、$\dot{U}_W$。

14．三相电路中，每相负载两端的电压为负载的________，每相负载的电流称为______。

15．三相电路中负载为星形联结时，负载相电压的参考方向常规定为自_____线指向负载中性点N′，负载的相电流等于线电流，相电流的参考方向常规定为与相电压的参考方向_____。

16．三相电路中若电源对称，负载也对称，则称为________电路。

17．在三相交流电路中，负载的联结方法有________和________两种。

18．对称三相负载为星形联结，当线电压为220V时，相电压等于________；线电压为380V时，相电压等于________。

19．如图所示，对称三相电源的相电压$u_W=220\sqrt{2}\sin(314t+30°)$V，三相负载阻抗$Z_U=Z_V=Z_W=(16+j2)\ \Omega$，则负载相电压$\dot{U}_U=$______、$\dot{U}_V=$______、$\dot{U}_W=$_____；负载线电压$\dot{U}_{UV}=$________，$\dot{U}_{VW}=$________，$\dot{U}_{WU}=$________；负载线电流$\dot{I}_U=$______，$\dot{I}_V=$________，$\dot{I}_W=$______；中性线电流$\dot{I}_N=$________，负载相线电流的大小关系为_______，相位关系为________。

20．图如上题，电源线电压$\dot{U}_{UV}=380\angle 30°$V，负载阻抗分别为$Z_U=11\ \Omega$，$Z_V=j22\ \Omega$，$Z_W=(20-j20)\ \Omega$，则相电流$\dot{I}_U=$______，$\dot{I}_V=$______，$\dot{I}_W=$______，中性线电流$\dot{I}_N=$_____。

21．三相三线制电路中，负载线电流之和$\dot{I}_U+\dot{I}_V+\dot{I}_W=$______，负载线电压之和$\dot{U}_{UV}+\dot{U}_{VW}+\dot{U}_{WU}=$_______。

22．如图所示，$\dot{I}_U=10\angle 0°$A，$Z_L=(1+j2)\ \Omega$，$Z_1=Z_2=(8+j6)\ \Omega$，则$\dot{I}_{U1}=\dot{I}_U\dfrac{Z_1}{Z_1+Z_2}=$________。

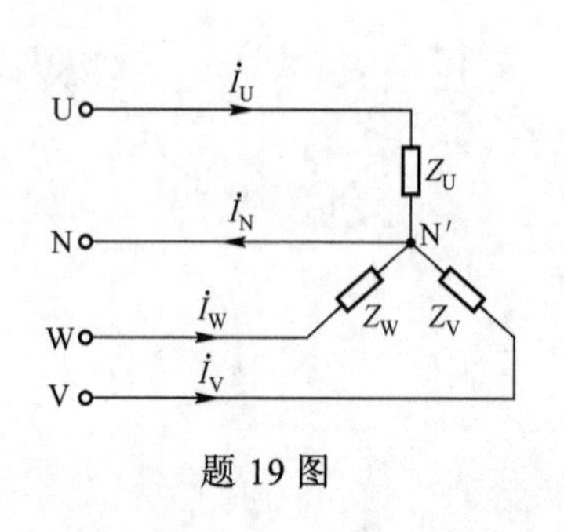

题19图

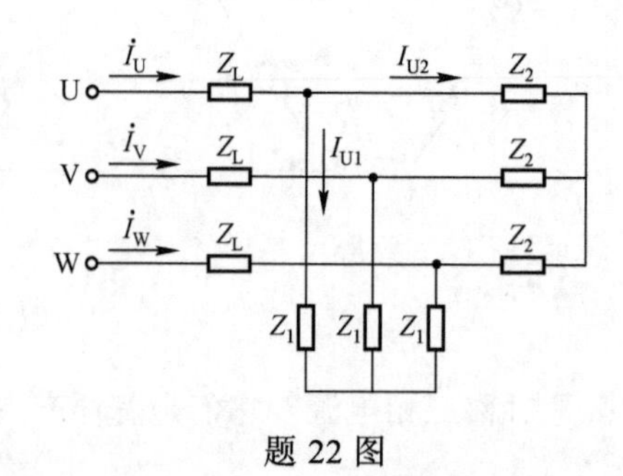

题22图

23．一台三相电动机，每组绕组的额定电压为220V，对称三相电源的线电压$U_1=380$V，则三相绕组应采用________。

A．星形联结，不接中性线　　B．星形联结，并接中性线

C．a、b均可　　D．三角形联结

24．三相电源线电压为380V，对称负载为星形联结，未接中性线。如果某相突然断掉，其

余两相负载的电压均为____________V。

A．380　　B．220　　C．190　　D．无法确定

25．下列陈述___________是正确的。

A．发电机绕组作星形联结时的线电压等于作三角形联结时的线电压的$1/\sqrt{3}$

B．对称三相电路负载作星形联结时，中性线里的电流为零

C．负载作星形联结可以有中性线

D．凡负载作三角形联结时，其线电流都等于相电流的$\sqrt{3}$倍

26．一台电动机，每相绕组额定电压为380V，对称三相电源的线电压为380V，则三相绕组应采用_____________。

A．星形联结，不接中性线　　B．星形联结，并接中性线

C．a、b均可　　D．三角形联结

27．在三相电路中，下面结论正确的是__________。

A．在同一对称三相电源作用下，对称三相负载作星形或三角形联结时，其负载的相电压相等

B．三相负载作星形联结时，必须有中性线

C．三相负载作三角形联结时，相线电压大小相等

D．三相对称电路无论负载如何接，线相电流均为相等

28．对称三相电源向二组负载供电，如图所示，$Z_U=22\Omega$，$Z_V=-j22\Omega$，$Z_W=j22\Omega$，Z_2为对称负载，则电压表的读数为$V_1=$____________，$V_2=$_____________。

A．601，601　　B．601，0

C．0，0　　D．无法确定，0

29．如图所示，$Z_1=(6+j8)\Omega$，$Z_2=(20+j20)\Omega$，电源线电压为380V，求：(1) 各负载上相、线电流；(2) 电源线电流。

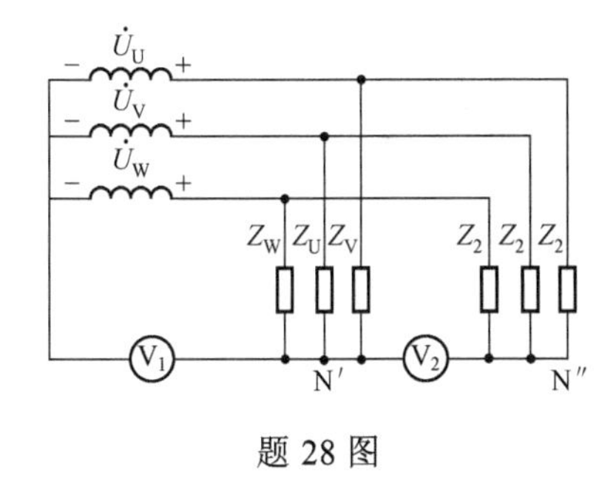

题28图

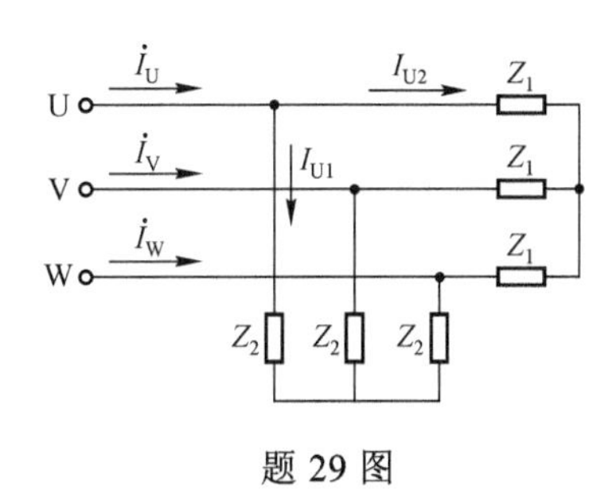

题29图

30．在三层楼房中单相照明电灯均接在三相四线制上，每一层为一相，每相装有 220V，40W 的电灯 20 只，电源为对称三层电源，其线电压为 380V，求：（1）当灯泡全部点亮时的各相电流、线电流及中性线电流；（2）当 *U* 相灯泡半数点亮而 V、W 两相灯泡全部点亮时，各相电流、线电流及中性线电流；（3）当中性线断开时，在上述两种情况下各相负载的电压为多少？并由此说明中性线作用。

（二）知识学习考评成绩

任务二　知识学习考评表

序号	评价内容	评价要求	评价标准	配分	得分
1	学习表现	认真完成任务，遵章守纪	按照拟定的平时表现考核表相关标准执行	15	
2	学习准备	认真按照规定内容，做好学习准备工作	学习准备事项不全，一项扣 5 分	10	
3	积极性、创新性	积极认真按照要求完成学习内容，并进行创新性学习	积极性、创新性有一项缺乏扣 5 分	10	
4	知识水平测试卷	按时、认真、正确完成答卷	（1）未做或做错，每题扣 5 分； （2）回答不全，每题扣 2 分。 本项成绩扣完为止，不倒扣分	50	
5	课后作业	认真并按时完成课后作业	（1）作业缺题未做，一题扣 3 分； （2）作业不全，一题扣 2 分，累计最多不超过 10 分； （3）作业错误，一题扣 1 分； （4）作业未做，本项成绩为 0 分	15	
6	合计				
7	备注				

二、任务实施

1. 安装接线

2. 测试三相对称电源

接通三相电源，用双踪示波器观察并测量电源进线端子排处 L_1-N、L_2-N、L_3-N 三相相电压波形把它们绘制在波形方格纸上，并粘贴到下表中。

然后用双踪示波器观察并测量电源进线端子排处 L_1-L_2、L_2-L_1、L_2-L_3、L_3-L_2、L_3-L_1、L_1-L_3 6 组三相线电压波形也把它们绘制在另一张波形方格纸上，并粘贴到下表中。

分析波形纸上三相对称相电压和线电压波形的特点：（1）分析三相幅值、频率、初相之间的关系；（2）分析三相对称相电压和线电压波形把横轴分成多少角度一个间隔；（3）分别分析电压和线电压波形正或负半波的交点（自然换相点）之间波形波头所占角度范围，把分析结论写在下表中。

三相相电压波形
三相线电压波形
波形特点分析

3. 测试三相对称负载（三相异步电动机）

在电源总开关、三相电机开关分别合上后，然后再合上三相异步电动机控制电路的断路器开关，最后按下启动按钮。此时三相异步电动机空载运行。

在 1、2、3 号端子处用万用表交流挡分别测量相电压和线电压的大小并记录下来，用双踪示波器观察并测量三组线电压和对应相电压波形并把它们绘制在波形方格纸上，并分别粘贴在下表中。分析比较线电压和对应相电压波形相位上的关系，把分析结论写在下表中。

若有三相调压装置，可把三相电源线电压调整为 220V，把三相异步电动机在接线盒处接成三角形联结，按照上述要求进行测绘和分析。

三相对称负载相电压波形
三相对称负载线电压波形
三相对称负载相电压和线电压波形比较分析

三、工作评价

任务二　工作过程考核评价表

序号	主要内容	考核要求	考核标准	配分	得分
1	工作准备	认真完成测量前的准备工作	（1）劳防用品穿戴不合规范，扣5分； （2）仪器仪表未调节，仪器仪表放置不当，每处扣2分； （3）电工实验装置未仔细检查就通电，扣5分； （4）没有认真学习安全用电规程，扣2分； （5）没有进行触电抢救技能训练，扣2分； （6）没有预习好正弦交流电的基本知识，扣2分； （7）没有认真掌握示波器、交流电压表和电流表的正确使用方法，有一处扣2分； （8）铅笔、三色记录笔、波形记录纸（16K或A4大小）、数据记录表、三角板、直尺、橡皮等没准备，有一处扣2分	10	
2	线路设计与安装	正确设计线路图，元件布置合理、安装牢固，塑料槽板安装平直牢固，穿线动作熟练，接线正确、美观	（1）线路图设计不正确、绘制不规范，每处扣5分； （2）元件布置不合理扣10分； （3）电器安装松动，每处扣10分； （4）电器元件损坏，每只扣10分； （5）塑料槽板不平直，每根扣5分； （6）线芯剖削有损伤，每处扣5分； （7）塑料槽板转角不符合要求，每处扣5分	25	
3	测量过程	测量过程准确无误	（1）不能正确运用示波器观察正弦交流电压波形，扣10分； （2）不能在波形记录纸上正确测绘正弦交流电压波形，扣10分； （3）运用示波器测量波形前自检过程中，操作错误每错1处扣5分； （4）运用万用表测量交流电压，操作失误每处扣5分	25	
4	测量结果	测量结果在允许误差范围之内，并能正确分析判断	（1）测量结果有较大误差或错误，每处扣10分； （2）分析判断错误，每处扣10分	20	
5	仪器仪表、工具的简单维护	安装完毕，能正确对仪器仪表、工具进行简单的维护保养	未对仪器仪表、工具进行简单的维护保养，每个扣5分	10	
6	服从管理	严格遵守工作场所管理制度，认真实行5S管理	（1）违反工作场所管理制度，每次视情节酌情扣5～10分； （2）工作结束，未执行5S管理，不能做到人走场清，每次视情节酌情扣5～10分	10	
7	安全生产	测量过程中，违反安全生产规程，视情节酌情扣10～20分，违反安全规程出现人身、设备、仪器仪表等严重事故者，本次考核以0分计			
备注			成绩		
考核人（签名）　　年　月　日					

任务三　加工车间三相供配电装置照明和插座电路的设计、安装和调试

一、任务准备

（一）知识答卷

任务三　知识水平测试卷

1．对称三相四线制电路负载的线电压为$\dot{U}_{UV}=380\angle 30°$ V，则负载的相电压$\dot{U}_{U}=$________，

$\dot{U}_V$ =____________，$\dot{U}_W$ =____________。

2．不对称三相负载星形联结，如果无中性线，则可用节点法求中性点之间电压，其表达式为 $\dot{U}_{N'N}$ =________________。

3．在三相四线制电路中，中性线的作用是__________________。

4．三相四线制电路中，负载线电流之和 $\dot{I}_U+\dot{I}_V+\dot{I}_W$ =__________________，负载线电压之和 $\dot{U}_{UV}+\dot{U}_{VW}+\dot{U}_{WU}$ =__________________。

5．三相四线制系统是指有三根________________和一根______________组成的供电系统，其中相电压是指__________与____________之间的电压，线电压是指__________和__________之间的电压。

6．在三相四线制的中性线上，不再安装开关和熔断器的原因是______________。

A．中性线上没有电缆

B．开关接通或断开对电路无影响

C．安装开关和熔断器降低中性线的机械强度

D．开关断开或熔丝熔断后，三相不对称负载承受三相不对称电压的作用，无法正常工作，严重时会烧毁负载

7．日常生活中，照明线路的接法为________________。

A．星形联结三相三线制　　B．星形联结三相四线制

C．三角形联结三相三线制　　D．既可为三线制，又可为四线制

8．三相四线制电路，电源线电压为 380V，则负载的相电压为____________V。

A．380　　B．220　　C．$190\sqrt{2}$　　D．负载的阻值未知，无法确定

9．一个电源对称的三相四线制电路，电源线电压 $U_L=380\text{V}$，端线及中性线阻抗忽略不计。三相负载不对称，三相负载的电阻及感抗分别为 $R_U=R_V=8\Omega$，$R_W=12\Omega$，$X_U=X_V=6\Omega$，$X_W=16\Omega$。试求三相负载吸收的有功功率、无功功率及视在功率。

10．三相四线制电路中有一组电阻性三相负载，三相负载的电阻值分别为 $R_U=R_V=5\Omega$，$R_W=10\Omega$，三相电源对称，电源线电压 $U_L=380\text{V}$。设电源的内阻抗、线路阻抗、中性线阻抗均为零，试求：（1）负载相电流及中性线电流；（2）中性线完好，W 相断线时的负载相电压、相电流及中性线电流；（3）W 相断线，中性线也断开时的负载相电流、相电压；（4）根据（2）和（3）的结果说明中性线的作用。

（二）知识学习考评成绩

任务三　知识学习考评表

序号	评价内容	评价要求	评价标准	配分	得分
1	学习表现	认真完成任务，遵章守纪	按照拟定的平时表现考核表相关标准执行	15	
2	学习准备	认真按照规定内容，做好学习准备工作	学习准备事项不全，一项扣5分	10	
3	积极性、创新性	积极认真按照要求完成学习内容，并进行创新性学习	积极性、创新性有一项缺乏扣5分	10	
4	知识水平测试卷	按时、认真、正确完成答卷	（1）未做或做错，每题扣5分； （2）回答不全，每题扣2分。 本项成绩扣完为止，不倒扣分	50	
5	课后作业	认真并按时完成课后作业	（1）作业缺题未做，一题扣3分； （2）作业不全，一题扣2分，累计最多不超过10分； （3）作业错误，一题扣1分； （4）作业未做，本项成绩为0分	15	
6	合计				
7	备注				

二、任务实施

1. 安装接线

2. 测试三相负载

把交流电流表选择合适量程，分别接入到照明和插座电路的合适位置。若交流电流表数量不够，可在断开三相电源时，把交流电流表接入要测量的位置接通电源测量，此处测量好后再断开电源接到其他部位重新测量。

接通三相对称交流电源总开关，然后分别合上照明和插座总开关，最后再分别合上各相照明和插座开关。等照明和插座电路工作正常时，再用万用表、交流电流表分别测量电压和电流记入表4.3.1中。

三相负载测试可按4种工作情况进行测试：（1）三相照明灯（共6盏）全开，三相插座不接电炉，图4.2.24中的中性线NN′存在；（2）三相照明灯有一相开关断开（共4盏灯亮），对应三相插座这一相接入1kW电炉，中性线NN′仍然存在；（3）对应第（1）种情况，把中性线NN′撤出；（4）对应第（2）种情况，把中性线NN′撤出。

4种情况测试完毕，根据表4.3.1中数据分析三相负载星形联结时有哪些特点，把分析结论也填入表4.3.1中。

表 4.3.1 三相负载测试数据记录表

三相电源	三相负载						相电压			线电压			相电流			线电流			$I_{NN'}$	$U_{NN'}$
	照明灯			插座			$U_{UN'}$	$U_{VN'}$	$U_{WN'}$	U_{UV}	U_{VW}	U_{WU}	$I_{UN'}$	$I_{VN'}$	$I_{WN'}$	I_{UV}	I_{VW}	I_{WU}	(A)	(V)
	联结方式	是否对称	有无中性线	联结方式	是否对称	有无中性线	(V)	(V)	(V)	(V)	(V)	(V)	(A)	(A)	(A)	(A)	(A)	(A)		
三相对称 Y_0	Y_0	是	有	Y_0	是	有														
		否	有		否	有														
	Y	是	无	Y	是	无														
		否	无		否	无														
分析结论：																				

三、工作评价

任务三 工作过程考核评价表

序号	主要内容	考核要求	考核标准	配分	得分
1	工作准备	认真完成测量前的准备工作	（1）劳防用品穿戴不合规范，扣 5 分； （2）仪器仪表未调节，仪器仪表放置不当，每处扣 2 分； （3）电工实验装置未仔细检查就通电，扣 5 分； （4）没有认真学习安全用电规程，扣 2 分； （5）没有进行触电抢救技能训练，扣 2 分； （6）没有复习好三相正弦交流电的基本知识，扣 2 分； （7）没有认真掌握示波器、交流电压表和电流表的正确使用方法，有一处扣 2 分； （8）铅笔、三色记录笔、波形记录纸（16K 或 A4 大小）、数据记录表、三角板、直尺、橡皮等没准备，有一处扣 2 分	10	
2	线路设计与安装	正确设计线路图，元件布置合理、安装牢固，塑料槽板安装平直牢固，穿线动作熟练，接线正确、美观	（1）线路图设计不正确、绘制不规范，每处扣 5 分； （2）元件布置不合理扣 10 分； （3）电器安装松动，每处扣 10 分； （4）电器元件损坏，每只扣 10 分； （5）塑料槽板不平直，每根扣 5 分； （6）线芯剖削有损伤，每处扣 5 分； （7）塑料槽板转角不符合要求，每处扣 5 分	25	
3	测量过程	测量过程准确无误	运用万用表、交流电压表、交流电流表测量交流电压和电流，操作失误每处扣 5 分	25	
4	测量结果	测量结果在允许误差范围之内，并能正确分析判断	（1）测量结果有较大误差或错误，每处扣 10 分； （2）结论分析判断错误，每处扣 10 分	20	
5	仪器仪表、工具的简单维护	安装完毕，能正确对仪器仪表、工具进行简单的维护保养	未对仪器仪表、工具进行简单的维护保养，每个扣 5 分	10	
6	服从管理	严格遵守工作场所管理制度，认真实行 5S 管理	（1）违反工作场所管理制度，每次视情节酌情扣 5～10 分； （2）工作结束，未执行 5S 管理，不能做到人走场清，每次视情节酌情扣 5～10 分	10	
7	安全生产	测量过程中，违反安全生产规程，视情节酌情扣 10～20 分，违反安全规程出现人身、设备、仪器仪表等严重事故者，本次考核以 0 分计			
备注			成绩		
考核人（签名）					年 月 日

任务四　加工车间三相供配电装置的整机调试及优化设计

一、任务准备

（一）知识答卷

任务四　知识水平测试卷

1. 不对称三相负载功率等于____________之和。

2. 在对称三相电路中，若相电压、相电流分别用U_P、I_P表示，φ表示每相负载的阻抗角，则每相平均功率P_P=__________，总的平均功率P与P_P的关系式P=____________。

3. 对称三相电路的视在功率S与无功功率Q、有功功率P的关系式为__________。

4. 在对称三相电路中，φ为每相负载的阻抗角，若已知相电压U_P、相电流I_P，则三相总的有功功率P=__________________；若已知负载的线电压U_l、线电流I_l，则P的表达式为P=_____________。

5. 在对称三相电路中，电源线电压$\dot{U}_{UV}=380\angle 0°$ V，负载为三角形联结时，负载相电流$\dot{I}_{UV}=38\angle 30°$ A，则每相复阻抗Z_P=_________，功率因数$\cos\varphi$=_________，负载的相电压U_P=_______，相电流I_P________，总功率P=______；电源不变，该负载作星形联结时，负载线电压U_l=__________，线电流I_l=________，总功率P_Y=___________。

6. 三相异步电动机的每相绕组的复阻抗Z_P=（30+j20）Ω，三角形联结接在线电压为220V的电源上，则功率因数$\cos\varphi$=__________，三相总功率P=__________。

7. 若上题中的电机绕组接成星形，为使其正常工作，必须接在线电压为___________V的电源上，此时负载的相电压U_P=___________，三相总功率P_Y=___________。

8. 在上题中，假设U相负载断路，则总功率P=________。

9. 对称三相电路负载为三角形联结，电源线电压$\dot{U}_{UV}=380\angle 30°$ V，负载相电流$\dot{I}_{UV}=10\angle -6.9°$ A，则负载的三相总功率P=________；若负载改接成星形，调节电源线电压，保持负载相电流不变，负载的三相总功率P_Y=_________。

10. 对称三相负载三角形联结，已知电源线电压为220V，线电流有效值为17.3A，三相功率为4.5kW，则其功率因数λ=__________。当负载的UV相断开时，各相功率P_{UV}=__________，P_{VW}=________，P_{WU}=_______，总功率P=________；当电源与负载间的输电线U线断开时，各相功率P_{UV}=_______，P_{VW}=_________，P_{WU}=____________，总功率P=__________。

11. 对称三相电路，电源电压$U_{UV}=220\sqrt{2}\sin 314t$ V，负载接成星形联结，已知W线电流$i_W=2\sqrt{2}\sin$（314+30°）A，则三相总功率P=__________W。

A．660　　B．127　　C．$220\sqrt{3}$　　D．$660\sqrt{3}$

12. 对称负载作三角形联结，其线电压$\dot{I}_W=10\angle 30°$ A，线电压$\dot{U}_{UV}=220\angle 0°$ V，则三相总功率P=__________W。

A．1905　　B．3300　　C．6600　　D．3811

13. 某对称三相负载，当接成星形时，三相功率为P_Y，保持电源线电压不变，而将负载改接成三角形，则此时三相功率P_Δ=___________。

A．$\sqrt{3}P_Y$　　B．P_Y　　C．$\frac{1}{3}P_Y$　　D．$3P_Y$

14．某一电动机，当电源线电压为 380V 时，作星形联结。电源线电压为 220V 时，作三角形联结。若三角形联结时功率 P_{Δ} 等于 3kW，则星形联结时的功率 P_{Y}=____________kW。

A．3　　B．1　　C．$\sqrt{3}$　　D．9

15．一台三相电动机绕组为星形联结，电动机的输出功率为 4kW，效率为 0.8，则电动机的有功功率为____________kW。

A．3.2　　B．5　　C．4　　D．无法确定

16．三个相等的复阻抗 $Z_{P}=(40+j30)\ \Omega$，接成三角形接到三相电源上，求下述两种情况下总的三相功率：（1）电源为三角形联结，线电压为 220V；（2）电源为星形联结，其相电压为 220V。

17. 对称纯电阻负载星形联结，其各相电阻为 $R_{P}=10\ \Omega$，接入线电压为 380V 的电源，求总三相功率。

18．线电压为 380V、f=50Hz 的三相电源的负载为一台三相电动机，其每相绕组的额定电压为 380V，接成三角形运行时，额定线电流为 19A，额定输入功率为 10kW。求电动机在额定状态下运行时的功率因数及电动机每相绕组的复阻抗。

19．对称三相负载为感性，接在对称线电压 U_1=380V 的对称三相电源上，测得输入线电流 I_1=12.1A，输入功率为 5.5kW，求功率因数和无功功率。

20．工厂有一台容量为 320kVA 的三相变压器，该厂原有负载为 220kW，平均功率因数为 0.7，且为感性，请问此变压器能否满足需要？现在新增了设备。负载增加到 260kW，平均功率因数仍不变，请问变压器的容量应为多少？原变压器如果仍被使用，则补偿电容应该将功率因数提高到多少才能满足要求？

21．已知电源线电压 $\dot{U}_{UV}=380\angle 30°$ V，甲乙两组负载均为对称三相负载，且均为感性，甲组负载：$S_{甲}$=30kVA，$\cos\varphi_{甲}$=0.8；乙组负载：$S_{乙}=10$kVA，$\cos\varphi_{乙}=0.6$，求总功率 P、Q、S 及功率因数 $\cos\varphi$。

（二）知识学习考评成绩

任务四　知识学习考评表

序号	评价内容	评价要求	评价标准	配分	得分
1	学习表现	认真完成任务，遵章守纪	按照拟定的平时表现考核表相关标准执行	15	
2	学习准备	认真按照规定内容，做好学习准备工作	学习准备事项不全，一项扣 5 分	10	
3	积极性、创新性	积极认真按照要求完成学习内容，并进行创新性学习	积极性、创新性有一项缺乏扣 5 分	10	
4	知识水平测试卷	按时、认真、正确完成答卷	（1）未做或做错，每题扣 5 分； （2）回答不全，每题扣 2 分。 本项成绩扣完为止，不倒扣分	50	
5	课后作业	认真并按时完成课后作业	（1）作业缺题未做，一题扣 3 分； （2）作业不全，一题扣 2 分，累计最多不超过 10 分； （3）作业错误，一题扣 1 分； （4）作业未做，本项成绩为 0 分	15	
6	合计				
7	备注				

二、任务实施

1. 安装接线

2. 三相四线制供电，测算负载星形联结（即 Y_0 联结）时的三相功率和功率因数

1）用一瓦特表法测定三相对称负载三相功率。

负载为下列两种情形时，按照教材所述测量电压、电流和功率，并计算功率因数，将数据也记入表 4.4.1 中。

（1）三相异步电动机、照明灯负载

（2）三相异步电动机、照明灯、电容器负载

2）用三瓦特表法测定三相不对称负载三相功率。

测量电路如主教材图 4.4.9 所示。三相测量仪表的接法同 1）。在 U 相插座电路中插接入一只电炉。经指导教师检查后，各组再接通三相电源。

负载按照下列两种情形，根据教材所述测量电压、电流和功率，并计算功率因数，将数据也记入表 4.4.1 中。

（1）三相异步电动机、照明灯负载、U 相插座电炉。

（2）三相异步电动机、照明灯、U 相插座电炉、电容器负载。

根据表 4.4.1 中测量和计算的数据，分析比较下述三个方面问题：① 三相负载对称和不对称连接情况下各相电压、电流、功率有何关系；② 三相负载在接入和不接入电力电容器情况下线路功率因数如何变化；③ 按照所选容量的电力电容器接入线路，功率补偿是否已经达到工厂功率因数的要求，如果没有达到，分析所选容量达到多少才能满足要求。把分析结论填入表 4.4.1 中。

表 4.4.1 三相四线制负载星形联结测算数据记录表

负载情况	U相				V相				W相			
	电压（V）	电流（A）	功率（W）	功率因数	电压（V）	电流（A）	功率（W）	功率因数	电压（V）	电流（A）	功率（W）	功率因数
Y_0对称负载（电动机、照明灯）												
Y_0对称负载（电动机、照明灯、电容器）												
Y_0不对称负载（电动机、照明灯、U相插座电炉）												
Y_0不对称负载（电动机、照明灯、U相插座电炉、电容器）												
分析结论：												

3. 三相三线制供电，测算三相负载功率和功率因数

只要把图 4.2.24 所示线路中电源进线端子排和零线端子座之间的 NN′连线撤除便形成了三相三线制供电线路。请同学们根据主教材、任务四“知识学习内容 2 三相负载功率的测量”所述的方法和要求，自行设计、测算、分析用二瓦特表法测量三相负载星形联结的三相功率和功率因数的情况。

4．测量三相对称负载的无功功率

请同学们根据主教材、任务四“知识学习内容2　三相负载功率的测量”所述的方法和要求，自行设计、测算、分析用一瓦特表法测定三相对称星形负载的无功功率。

三、工作评价

任务四　工作过程考核评价表

序号	主要内容	考核要求	考核标准	配分	得分
1	工作准备	认真完成测量前的准备工作	（1）劳防用品穿戴不合规范，扣5分； （2）仪器仪表未调节，仪器仪表放置不当，每处扣2分； （3）电工实验装置未仔细检查就通电，扣5分； （4）没有认真学习安全用电规程，扣2分； （5）没有进行触电抢救技能训练，扣2分； （6）没有复习好三相正弦交流电的基本知识，扣2分； （7）没有认真掌握示波器、交流电压表和电流表的正确使用方法，有一处扣2分； （8）铅笔、三色记录笔、波形记录纸（16K或A4大小）、数据记录表、三角板、直尺、橡皮等没准备，有一处扣2分	10	
2	线路设计与安装	正确设计线路图，元件布置合理、安装牢固，塑料槽板安装平直牢固，穿线动作熟练，接线正确、美观	（1）线路图设计不正确、绘制不规范，每处扣5分； （2）元件布置不合理扣10分； （3）电器安装松动，每处扣10分； （4）电器元件损坏，每只扣10分； （5）塑料槽板不平直，每根扣5分； （6）线芯剖削有损伤，每处扣5分； （7）塑料槽板转角不符合要求，每处扣5分	25	
3	测量过程	测算过程准确无误	（1）运用功率表、交流电压表、交流电流表测量交流电压、电流和功率，操作失误每处扣5分； （2）功率因数计算有误，每处扣5分	25	
4	测量结果	测量结果在允许误差范围之内，并能正确分析判断	（1）测量结果有较大误差或错误，每处扣10分； （2）结论分析判断错误，每处扣10分	20	
5	仪器仪表、工具的简单维护	安装完毕，能正确对仪器仪表、工具进行简单的维护保养	未对仪器仪表、工具进行简单的维护保养，每个扣5分	10	
6	服从管理	严格遵守工作场所管理制度，认真实行5S管理	（1）违反工作场所管理制度，每次视情节酌情扣5～10分； （2）工作结束，未执行5S管理，不能做到人走场清，每次视情节酌情扣5～10分	10	
7	安全生产	测量过程中，违反安全生产规程，视情节酌情扣10～20分，违反安全规程出现人身、设备、仪器仪表等严重事故者，本次考核以0分计			
备注			成绩		
考核人（签名） 年　月　日					

任务五　成果验收以及验收报告和项目完成报告的制定

一、任务准备

任务实施前师生根据项目实施结果要求，拟定项目成果验收条款，做好成果验收准备。成果验收标准及验收评价方案可参照表 4.5.1 所示。

表 4.5.1　成果验收标准及验收评价方案

序号	验收内容	验 收 标 准	验收评价方案	配分方案
1	加工车间三相供电电路模拟装置功能	加工车间三相供电电路模拟装置功能满足以下 4 个功能要求： （1）三相电源、三相对称动力负载能正常工作； （2）三相照明和插座电路布局合理，照明灯和插座负载能正常工作； （3）三相功率补偿电路布局合理，能正常工作，满足车间供配电系统功率因数补偿要求； （4）整套装置整机能全部正常工作运行	（1）针对验收标准第（1）项功能，若三相电源和动力负载不能正常工作，验收成绩扣 15 分。 （2）针对验收标准第（2）项功能，若有灯不亮，每相灯验收成绩扣 10 分，都不亮本项验收成绩为 0；三相插座使电炉负载不能正常工作，本相验收成绩扣 15 分。 （3）针对验收标准第（3）项功能，电力电容器补偿电路不能正常工作，本项验收成绩扣 15 分；功率因数补偿，达不到标准，验收成绩扣 10 分。 （4）针对验收标准第（4）项功能。 整机通电后出现冒烟、焦味、异声等故障现象，以及电路短路造成电路不能正常工作，本项验收成绩为 0 分	50
2	装配工艺	（1）元器件安装牢固不松动，接触良好； （2）元器件布局合理； （3）接线正确、美观、牢固，连接导线横平竖直、不交叉、不重叠； （4）整体装配符合要求	（1）元器件布局不合理，与电路其他功能模块混杂，每个元器件扣 5 分。 （2）元器件安装松动，每个元器件扣 5 分。 （3）导线接线错误，每处扣 10 分。 （4）导线连接松动，每根扣 5 分。 （5）导线不能横平竖直，且交叉、重叠。私拉乱接情况严重者，本项成绩为 0 分，情况较少者，每处扣 3 分。 （6）整体装配不符合规范，有影响电路应用性能和产品美观性等，每处扣 5 分	25
3	技术资料	（1）各部分设计的安装接线图制作规范、美观、整洁，无技术性错误； （2）电路调试过程观察、测量和计算的记录表、测绘的波形纸以及结论分析记录均完整、整洁	（1）各部分设计的安装接线图制作不规范，绘制符号与国标不符，每份扣 5 分；有技术性错误，每份扣 10 分；图纸每缺一份扣 10 分。 （2）测绘的波形纸不齐全，每缺一份扣 10 分，不整洁每份扣 5 分。 （3）记录表以及结论分析记录的填写不完整、不整洁，每份扣 5 分，每缺一份扣 10 分	25

二、任务实施

1．成果验收

项目工作小组之间按照标准互相进行成果验收评价，并制定验收报告。第 n 组对第 $n+4$ 组评价，若 $n+4>N$（N 是项目工作小组总组数），则对第 $n+4-N$ 组进行成果验收评价。

2. 成果验收报告制定

项目验收报告书

项目执行部门		项目执行组	
项目安排日期		项目实际完成日期	
项目完成率		复命状态	主动复命□
未完成的工作内容		未完成的原因	
项目验收情况综述			
验收评分		验收结果	达标□ 基本达标□ 不达标□ 很差□
验收人签名		验收日期	

3. 项目完成报告制定

项目完成报告书

项目执行部门		项目执行组	
项目执行人		报告书编写时间	
项目安排日期		项目实际完成日期	
项目实施任务1：项目实施文件制定及工作准备	内容概述		
	完成结果		
	分析结论		
项目实施任务2：加工车间三相供电电路模拟装置三相动力负载电路设计、安装和调试	内容概述		
	完成结果		
	分析结论		
项目实施任务3：加工车间三相供电电路模拟装置照明和插座电路设计、安装和调试	内容概述		
	完成结果		
	分析结论		
项目实施任务4：加工车间三相供电电路模拟装置整机调试和优化设计	内容概述		
	完成结果		
	分析结论		
项目实施任务5：成果验收及验收报告和项目完成报告的制定	内容概述		
	完成结果		
	分析结论		

续表

项目执行部门		项目执行组	
项目执行人		报告书编写时间	
项目安排日期		项目实际完成日期	
项目工作小结：（本项目已经完成，对于项目的实施需要哪些知识及技能，以及对项目的实施有什么看法、建议或体会，请编写出项目工作小结，若字数多可另附纸）			

三、工作评价

任务五 任务完成过程考评表

序号	评价内容	评 价 要 求	评 价 标 准	配分	得分
1	工作态度	认真完成任务，严格执行验收标准、遵章守纪、表现积极	按照拟定的平时表现考核表相关标准执行	10	
2	成果验收	认真按照验收标准完成成果验收	（1）成果验收未按标准进行，每处扣 10 分； （2）成果验收过程不认真，每处扣 10 分	20	
3	成果验收报告书制定	认真按照要求规范、完整地填写好成果验收报告书	（1）报告书填写不认真，每处扣 10 分； （2）报告书各条目未按要求规范填写，每处扣 10 分； （3）报告书各条目内容填写不完整，每处扣 10 分	20	
4	项目完成报告书制定	认真按照要求规范、完整地填写好项目完成报告书	（1）报告书填写不认真，每处扣 10 分； （2）报告书各条目未按要求规范填写，每处扣 10 分； （3）报告书各条目内容填写不完整，每处扣 10 分； （4）无项目工作小结，扣 30 分； （5）项目工作小结撰写的其他情况，参考（1）～（3）评分	50	
4	合计				
5	备注				

知识技能拓展

各项目小组课后可自行阅读学习并做好读后感交流。

思考与练习

1．正弦交流电的三要素是__________、__________、__________。

2．三相电源线电压 U_l=380V，对称负载阻抗为 Z=40+j30Ω，若接成星形，则线电流 I_l=__________A，负载吸收功率 P=__________W；若接成三角形，则线电流 I_l=__________A，负载吸收功率 P=__________W。

3．一批单相用电设备，额定电压均为 220V，若接在三相电源上工作，当电源线电压为 380V，应__________联结，若电源线电压为 220V，又该__________联结。

4．三相负载每相阻抗均为 $Z_P=(8+j6)\Omega$，电源相电压 $U_P=220V$，若接成 Y 形，则线电流 $I_l=$__________A，吸收的有功功率 $P=$__________W，无功功率 $Q=$__________var；若接成 Δ 形，则线电流 $I_l=$__________A，有功功率 $P=$__________W，无功功率 $Q=$__________var。

5．当发电机的三相绕组接成星形时，设线电压 $u_{AB}=380\sqrt{2}\sin(\omega t-30°)V$，相电压 u_A 的三角函数式为__________________。

6．有 220V、100W 的电灯 66 个，应如何接入线电压为 380V 的三相四线制电路？求负载在对称情况下的线电流。

7．有一三相对称负载，其每相的电阻 $R=8\Omega$，感抗 $X_L=6\Omega$。如果将负载接成星形接于线电压 $U_l=380V$ 的三相电源上，试求相电压、相电流及线电流。

8．有一台三相发电机，其绕组接成星形，每相额定电压为 220V。在第一次试验时，用电压表量得相电压 $U_A=U_B=U_C=220V$，而线电压则为 $U_{AB}=U_{CA}=220V$，$U_{BC}=380V$，试问这种现象是如何造成的？

9．有一三相异步电动机，其绕组接成三角形，接在线电压 $U_l=380V$ 的电源上，从电源所取用的功率 $P_1=11.43kW$，功率因数 $\cos\varphi=0.87$，试求电动机的相电流和线电流。

10．如果电压相等，输送功率相等，距离相等，线路功率损耗相等，则三相输电线（设负载对称）的用铜量为单相输电线的用铜量的 3/4。试证明之。

11．如图所示电路中，已知：$|Z_a|=|Z_b|=|Z_c|=22\Omega$，$\varphi_a=0$，$\varphi_b=60°$，$\varphi_c=60°$，电源线电压 U_l=380V，试求：（1）说明该三相负载是否对称；（2）计算各相电流及中性线电流；（3）计算三相功率 P、Q、S。

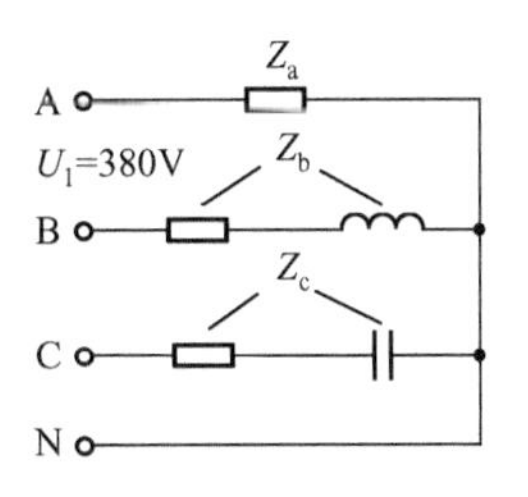

题 11 图

12．如图所示电路中，$Z_1=(10\sqrt{3}+j10)\Omega$，$Z_2=(10\sqrt{3}-j30)\Omega$，线电压 U_l=380V，试求：（1）线路总电流 $\dot{I}_A$，$\dot{I}_B$，$\dot{I}_C$；（2）三相总功率 P、Q、S。

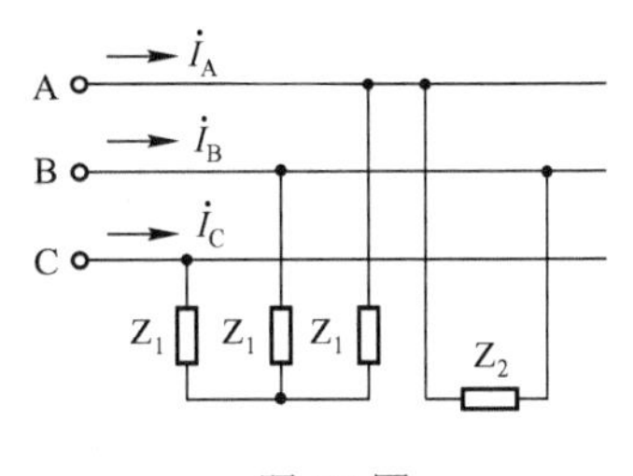

题 12 图

13．如图所示电路中，已知：$U_l=380V$，$R_A=38\Omega$，$R_C=19\Omega$，$X_L=19\sqrt{3}\Omega$，$X_C=38\Omega$。试求：（1）线电流 $\dot{I}_A$，$\dot{I}_B$，$\dot{I}_C$；（2）三相负载总功率 P、Q、S；（3）两只瓦特表 W_1 和 W_2 的读数。

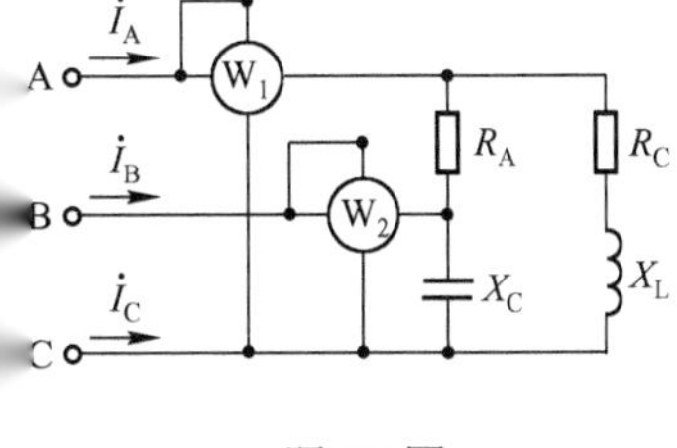

题 13 图

14．如图所示电路中，电流表 A_1 和 A_2 的读数分别为 I_1=7A，I_2=9A。试求：

（1）设 Z_1=R，Z_2=$-jX_C$，电流表 A_0 的读数是多少？

（2）设 Z_1=R，Z_2 为何种参数才能使电流表 A_0 的读数最大；应是多少？

（3）设 Z_1=jX_L，Z_2 为何种参数才能使电流表 A_0 的读数最小，应是多少？

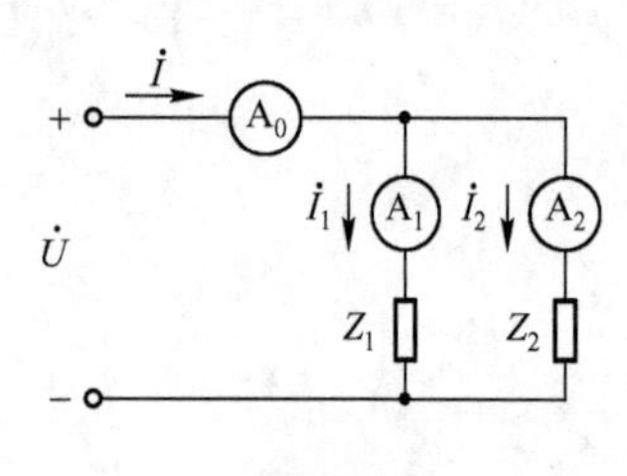

题 14 图

15．如图所示电路中，I_1=10A，$I_2=10\sqrt{2}$A，U=200V，R=5Ω，R_2=X_L。试求 I、X_L、X_C 及 R_2。

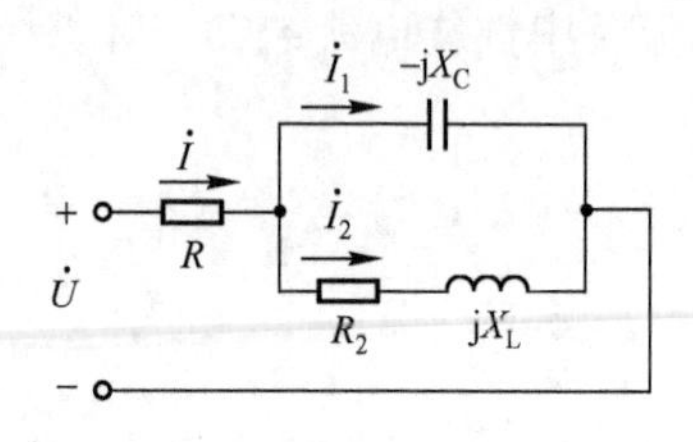

题 15 图

项目五　触摸式延时开关的设计与制作

任务一　项目实施文件制定及工作准备

一、项目实施文件制定

1. 项目工作单

参考教材表 1.1.1，各项目小组完成项目工作单的填写。

项目五　工作单

项目编号	XMZX-JS-20□□□□□□	项目名称	触摸式延时开关的设计与制作
项目等级	宽松（　　）　一般（　　）　较急（　　）　紧急（　　）　特急（　　）		
	不重要（　　）　普通（　　）　重要（　　）　关键（　　）		
	暂缓（　　）　普通（　　）　尽快（　　）　立即（　　）		
项目发布部门		项目执行部门	
项目执行组		项目执行人	
项目协办人		协办人职责	协助任务组长认真完成工作任务
项目工作内容描述			
项目实施步骤			
计划开始日期		计划完成日期	
工时定额			
理解与承诺	执行人（签字）：　　年　　月　　日		
备注			

* 备注：表中 1 工时在组织教学时，可与 1 课时对等，以下同。

2. 生产工作计划

____

____

____

3．组织保障和安全技术措施等

4．人员安排方案

二、工作准备

1．项目实施材料、工具、生产设备、仪器仪表等准备（　　）。

每个项目小组参照教材表5.1.1物资清单准备。

2．技术资料准备（　　）。

《电子元器件选用手册》或《电工手册》一本。

三、工作评价

任务一　任务完成过程考评表

序号	评价内容	评价要求	评价标准	配分	得分
1	学习表现	认真完成任务，遵章守纪、表现积极	按照拟定的平时表现考核表相关标准执行	20	
2	项目实施文件	项目实施文件数量齐全、质量合乎要求	（1）项目工作单、生产工作计划、组织保障、安全技术措施、人员安排方案等项目实施文件，每缺一项扣20分；（2）项目实施文件制定质量不合要求，有一项扣10分	40	
3	项目实施工作准备	积极认真按照要求完成项目实施的各项准备工作	（1）有一项未准备扣20分；（2）有一项准备不充分扣10分	40	
4	合计				
5	备注				

任务二　触摸开关主电路和直流稳压电源的设计与制作

一、任务准备

（一）知识答卷

任务二　知识水平测试卷

1．填空题

1）PN结具有＿＿＿＿＿＿＿＿＿导电性。

2）半导体二极管有硅管和＿＿＿＿＿＿＿＿＿管。

3）理想二极管导通时，其管压降 U_D =__________、其等效电阻 r_D =__________。

4）PN 结加正向电压，是指电源的正极接__________区，电源的负极接__________区，这种接法叫__________。

5）单相桥式整流电路中，利用二极管的__________产生单方向脉动的直流电。

6）硅稳压二极管主要工作在__________区。

2. 选择题

1）如图所示二极管电路，设二极管 VD 的导通压降是 0.7V。图中的二极管是（　　）。

A．截止

B．导通（提示假设 VD 不导通，应用 KVL 定律分析 VD 两端电压为+5V）

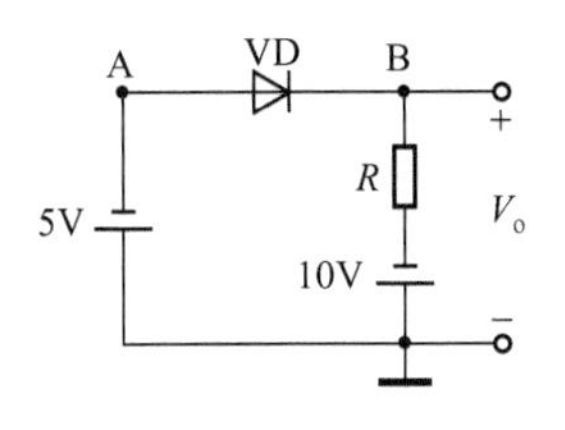

题 1）图

2）如图（a）所示两只硅稳压管串联使用，正确的连法是（　　）。如图（b）所示并联使用，正确的连法是（　　）。

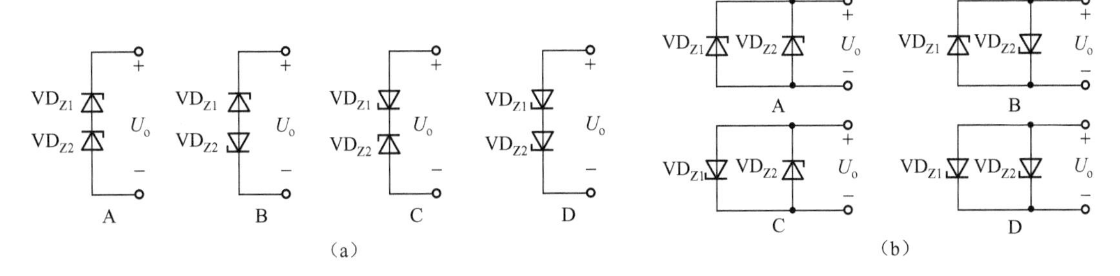

题 2）图

3）整流电路将（　　）电压变成脉动的（　　）电压。

A．交流　　B．直流　　C．交直流

4）直流稳压电路的作用是当电网电压波动、负载或温度变化时，维持输出（　　）稳定。

A．电压　　B．交流电压　　C．直流电压

5）在分析整流电路时，为简单起见，把二极管当作理想元件处理，即认为它的正向导通电阻为（　　），而反向电阻为（　　）。

A．零　　B．不可知　　C．无穷大　　D．无穷小

3. 思考题

1）什么是二极管的单向导电性？

2）稳压二极管电路中的限流电阻有何作用？

3）单色发光二极管的两根引脚不一般长，试问：长引脚是发光二极管的正极，还是短引脚为二极管的正极?

4）什么是整流？整流输出的电压与稳恒直流电压、交流电压有什么不同？

5）如图所示，如果不小心把直流电源接反了，会出现什么问题？串联电阻 R 有什么作用？如果 I=0 还有稳压作用吗？如果输出端偶然断路稳压管会损害吗？稳压管击穿或断路，输出电压将如何变化？

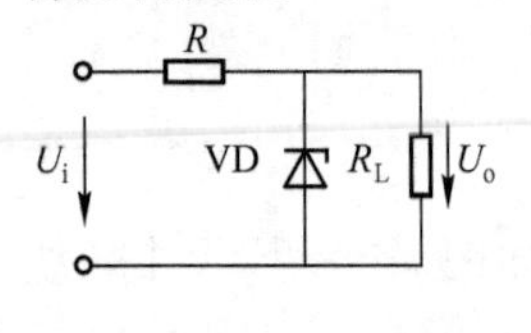

思考题 5）图

4．绘图和计算题

1）限幅电路如图所示，$u_i = 2\sin\omega t$V，VD_1、VD_2 均为硅管，导通电压为 0.7V，试根据输入电压波形画出输出电压波形（必须考虑二极管的导通电压）。

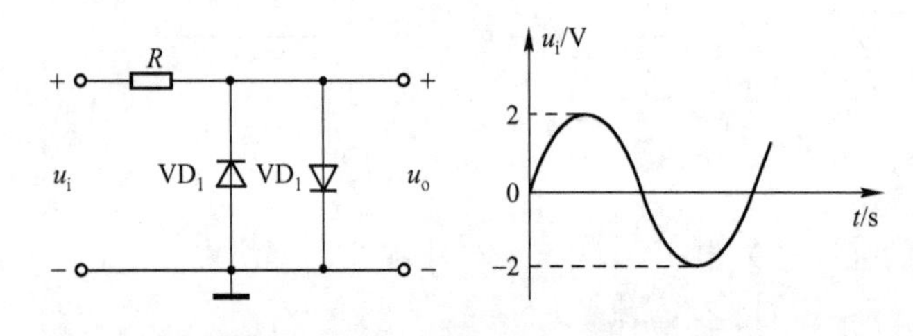

绘图和计算题 1）图

2）电路如图所示，判断各图中二极管是否导通，并求输出电压U_o（忽略二极管正向导通压降）。

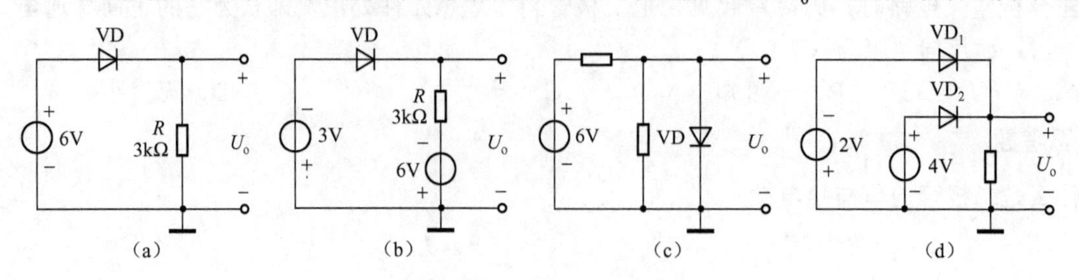

绘图和计算题 2）图

3）若稳压二极管 VD_1 和 VD_2 的稳定电压分别为 6V 和 10V，求图中各电路的输出电压 U_o（忽略二极管正向导通电压）。

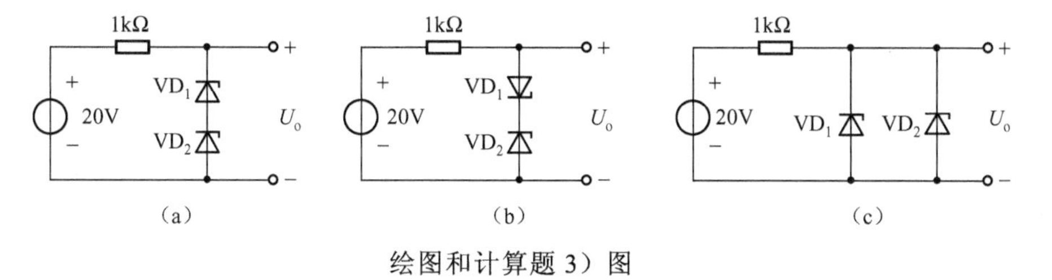

绘图和计算题 3）图

（二）知识学习考评成绩

任务二　知识学习考评表

序号	评价内容	评价要求	评价标准	配分	得分
1	学习表现	认真完成任务，遵章守纪	按照拟定的平时表现考核表相关标准执行	15	
2	学习准备	认真按照规定内容，做好学习准备工作	学习准备事项不全，一项扣 5 分	10	
3	积极性、创新性	积极认真按照要求完成学习内容，并进行创新性学习	积极性、创新性有一项缺乏扣 5 分	10	
4	知识水平测试卷	按时、认真、正确完成答卷	（1）填空题未做或做错，每空扣 0.5 分； （2）选择题未做或做错，每选项扣 1 分； （3）思考题未做或做错，第 1 题扣 3.5 分，其余每题扣 4 分，回答不全，每题扣 2 分； （4）绘图和计算题未做或做错，每题扣 6 分，解答不全，每题扣 3 分	50	
5	课后作业	认真并按时完成课后作业	（1）作业缺题未做，一题扣 3 分； （2）作业错误，一题扣 2 分，累计最多不超过 10 分； （3）作业解答不全或部分错误，一题扣 1 分，累计最多不超过 10 分； （4）作业未做，本项成绩为 0 分	15	
6	合计				
7	备注				

二、任务实施

1. 设计触摸开关主电路，绘制电路原理图，并正确选用元器件

根据二极管桥式整流电路工作特点，参照教材中图 5.2.15。

1）设计触摸开关主电路来控制 40W 白炽灯的电路原理图。

2）选用主电路的组成器件，整流变压器选择一台单相调压器代替（后面任务实施过程同，不再说明），讨论分析元器件选用的理由，写出书面设计选用过程。

2．触摸开关主电路连接和调试

调试时逐渐增加单相调压器的输出，使输出为 50V 时，合上开关，观察灯是否亮，关掉开关，灯是否灭。合上开关，灯亮时逐渐增加调压器输出，观察灯的亮度变化。等灯亮度合适时，关掉开关，用万用表测量开关两端的电压值。将观察现象记录在表中。

观测记录

开关状态	现象
合上开关	
关掉开关	
合上开关，增加电压	
灯亮合适，关掉开关	

3．设计并绘制触摸开关直流稳压电源及发光指示电路原理图

1）参照主教材图 5.2.19，设计触摸开关直流稳压电源及发光二极管发光指示电路，绘制电路原理图。

2）各项目小组在预先准备的元器件中选用电路的组成器件，并讨论分析选用的理由，写出书面设计选用过程。

4．开关直流稳压电源及发光指示电路的连接和调试

把选用的元器件按照设计图在面包板上正确连接。

在面包板上把直流稳压电源输入端直接接在触摸开关主电路输出端（即单极开关 S 两端）。开关 S 断开，接通调压器电源，调节调压器输出，等发光二极管指示灯发光亮度适度用万用表分别测试开关 S 两端电压和稳压管两端电压，并记录在表 5.2.1 中。开关 S 合上，观察灯的亮度，并用万用表分别测试开关 S 两端电压和稳压管两端电压，并记录在表 5.2.1 中。

表 5.2.1　调试记录表

观察、测试项 开关状态	调压器输出电压 u_2（V）	开关与两端电压 U_O（V）	稳压管两端电压 U_Z（V）	灯泡亮度 （暗、微亮、亮）	指示灯亮度 （暗、微亮、亮）
S 断开					
S 合上					

三、工作评价

任务二　工作过程考核评价表

序号	主要内容	考核要求	考核标准	配分	扣分	得分
1	工作准备	认真完成任务实施前的准备工作	（1）劳防用品穿戴不合规范，扣 5 分； （2）仪器仪表未调节，仪器仪表放置不当，每处扣 2 分； （3）电工实验实训装置未仔细检查就通电，扣 5 分； （4）材料、工具没检查，每件扣 2 分； （5）没有认真学习安全用电规程，扣 2 分； （6）没有进行触电抢救技能训练，扣 2 分； （7）没有准备好项目工作手册、记录本和铅笔、圆珠笔、三角板、直尺、橡皮等文具，有一处扣 2 分	10		
2	电路设计	正确设计电路图	（1）触摸开关照明主电路原理图，设计不正确、电路图绘制不规范，每处扣 5 分； （2）直流稳压电源及发光指示灯电路原理图，绘制不正确、或符号绘制不规范，每处扣 5 分； （3）电路无书面设计报告，扣 15 分； （4）电路器件选择不合理，每处扣 5 分； （5）元器件选用书面分析过程不合理、不科学，每处扣 5 分	35		
3	电路的制作和调试	元器件布置合理、安装牢固；接线正确、美观、牢固；调试过程规范、安全，测试、观察、分析合理，能正确记录	（1）元器件布置不合理，每处扣 5 分； （2）元器件安装不牢固，每处扣 5 分； （3）元器件接线不正确，每处扣 5 分； （4）元器件接线不牢固，每处扣 5 分； （5）调试操作过程中，测试操作不规范，每处扣 10 分； （6）调试过程中，没有按要求正确记录观察现象和测试的数据，每处扣 10 分； （7）调试过程中，没有按要求记录完整，每处扣 5 分； （8）调试过程中，不能正确分析观察的现象和测试的数据，每处扣 10 分； （9）安装调试过程中，未按照注意事项的要求操作，每项扣 10 分	35		
4	仪器仪表、工具的简单维护	安装完毕，能正确对仪器仪表、工具进行简单的维护保养	未对仪器仪表、工具进行简单的维护保养，每个扣 5 分	10		
5	服从管理	严格遵守工作场所管理制度，认真实行 5S 管理	（1）违反工作场所管理制度，每次视情节酌情扣 5～10 分； （2）工作结束，未执行 5S 管理，不能做到人走场清，每次视情节酌情扣 5～10 分	10		
6	安全生产	测量过程中，违反安全生产规程，视情节酌情扣 10～20 分，违反安全规程出现人身、设备、仪器仪表等严重事故者，本次考核以 0 分计				
备注			成绩			
考核人（签名） 年　月　日						

任务三　触摸采样控制电路的设计与制作

一、任务准备

（一）知识答卷

任务三　知识水平测试卷

1．填空题

1）三极管是一种电__________控制器件。

2）晶体管工作在饱和区时发射结__________偏；集电结__________偏。

3）放大电路中，测得三极管三个电极电位为 U_1=6.5V，U_2=7.2V，U_3=15V，则该管是__________类型管子，其中__________极为集电极。

4）三极管有放大作用的外部条件是发射结__________，集电结__________。

5）若一晶体三极管在发射结加上反向偏置电压，在集电结上也加上反向偏置电压，则这个晶体三极管处于__________状态。

2．选择题

1）如图所示，试判断工作在放大状态的管子（　　）。

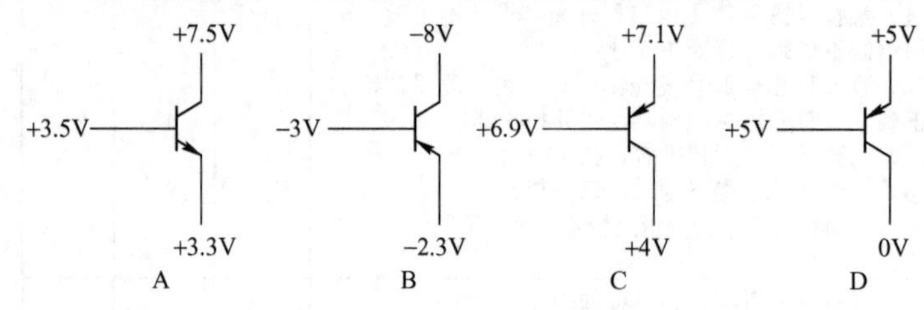

选择题 1）图

2）用万用表判别处于放大状态的某个晶体三极管的类型（指 NPN 管或 PNP 管）与三个电极时，最方便的方法是测出（　　）。

A．各极间电阻　　B．各极对地电位　　C．各极的电流

3）三极管的两个 PN 结均正偏或均反偏时，所对应的状态分别是（　　）。

A．截止或放大　　B．截止或饱和　　C．饱和或截止

4）某只处于放大状态的三极管，各极电位分别是 U_K=6V、U_B=5.3V、U_C=1V，则该管是（　　）。

A．PNP 锗管　　B．PNP 硅管　　C．NPN 硅管

5）实践中，判断三极管是否饱和，最简单可靠的方法是测量（　　）。

A．I_B　　B．I_C

C．U_{BE}　　D．U_{CE}

6）在右图中，处于放大状态的三极管是（　　）。

7）为使三极管处于放大状态，须使其（　　）。

A．发射结正偏、集电结反偏

B．发射结和集电结均正偏

8）三极管的电流放大作用是用较小的（　　）电

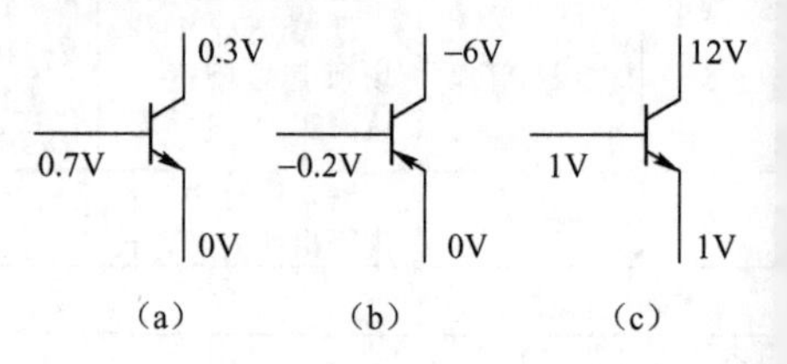

选择题 6）图

流控制较大的（　　）电流，所以三极管是一种电流控制元件。

A．基极　　B．集电极　　C．发射极

9）温度升高时，三极管的电流放大系数 β（　　），方向饱和电流 I_{CBO}（　　），发射结电压 U_{BE}（　　）。

A．变大　　B．变小　　C．不变

10）用万用表判别放大电路中处于正常工作的某个晶体管的类型（是 NPN 型还是 PNP 型）与三个电极时，以测出（　　）最为方便。

A．各极间电阻　　B．各极对地电位　　C．各极电流

11）在晶体管放大电路中，测得一个晶体管的各个电极的电位如图所示。则该晶体管是（　　）。

A．NPN 型硅管，①为 e 极，②为 b 极，③为 c 极

B．PNP 型硅管，①为 c 极，②为 b 极，③为 e 极

C．PNP 型锗管，①为 c 极，②为 e 极，③为 b 极

12）判断图中晶体三极管（硅管）的工作状态是（　　）。

A．饱和　　B．放大　　C．截止　　D．倒置

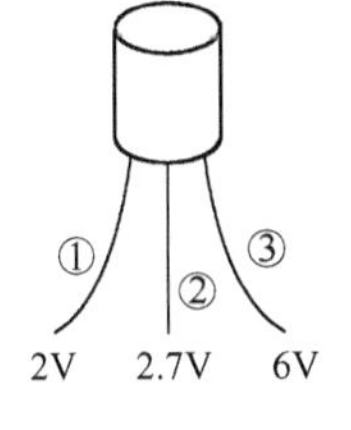

选择题 11）图

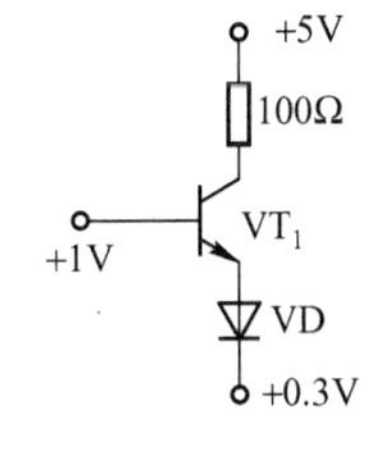

选择题 12）图

3．简答题

1）共发射极三极管电路的放大作用是如何实现的？

2）如何判断三极管（以 NPN 为例）分别在截止区、放大区、饱和区的工作状态？

3）已知两只晶体管的电流放大系数 β 分别为 50 和 100，现测得放大电路中这两只管子两个电极的电流如图所示。分别求另一电极的电流，标出其实际方向。

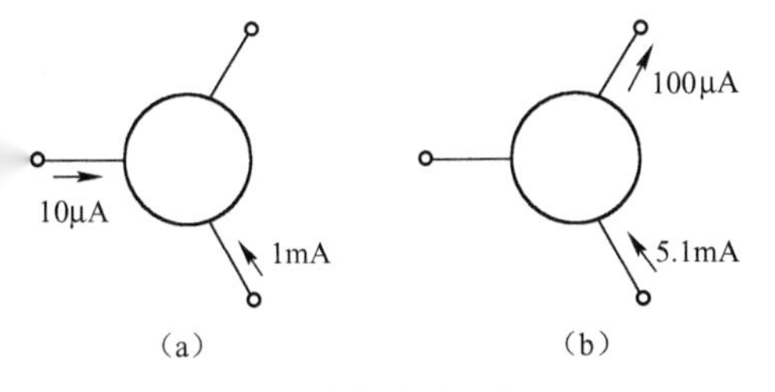

简答题 3）图

4．计算题

1）今有三个三极管，测量得1号、2号、3号三个电极对地电压分别为

（1）+6V，+3V，+2.3V （2）+0.7V，0，+6V （3）−1V，−1.3V，−6V

试指出E、B、C各极分别是几号电极，并说明三极管是硅管还是锗管，是NPN型还是PNP型。

2）用万用表测得放大电路中某个三极管两个电极的电流值如图所示。

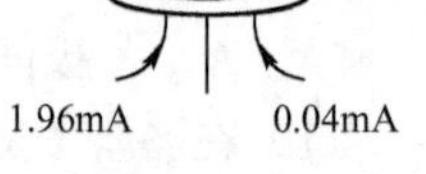

计算题2）图

（1）求另一个电极的电流大小，在图上标出实际方向。

（2）判断是PNP还是NPN管?

（3）图上标出管子的E、B、C极。

（4）估算管子的β值。

3）试分析如图所示各电路中的晶体管各工作在什么状态，设各晶体管的$U_{DE}=0.7V$，$\beta=50$。

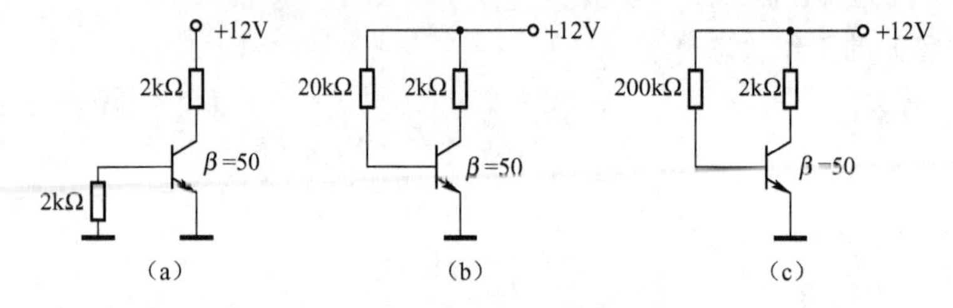

计算题3）图

（二）知识学习考评成绩

任务三 知识学习考评表

序号	评价内容	评价要求	评价标准	配分	得分
1	学习表现	认真完成任务，遵章守纪	按照拟定的平时表现考核表相关标准执行	15	
2	学习准备	认真按照规定内容，做好学习准备工作	学习准备事项不全，一项扣5分	10	
3	积极性、创新性	积极认真按照要求完成学习内容，并进行创新性学习	积极性、创新性有一项缺乏扣5分	10	
4	知识水平测试卷	按时、认真、正确完成答卷	（1）填空题未做或做错，每空扣0.5分； （2）选择题未做或做错，每题扣1分； （3）简答题未做或做错，每题扣5分，回答不全，每题扣2分； （4）计算题未做或做错，第1～2题扣6分，第3题扣7分，解答不全，每题扣3分	50	
5	课后作业	认真并按时完成课后作业	（1）作业缺题未做，一题扣3分； （2）作业错误，一题扣2分，累计最多不超过10分； （3）作业解答不全或部分错误，一题扣1分，累计最多不超过10分； （4）作业未做，本项成绩为0分	15	
6	合计				
7	备注				

二、任务实施

1．设计触摸开关触摸采样控制电路，绘制电路原理图，并正确选用元器件完成电路连接

实施要求：

1）根据三极管应用电路工作特点，参照主教材图 5.3.9，设计触摸开关触摸采样控制电路的电路原理图。

2）各项目小组在预先准备的元器件中选用主电路的组成器件，并讨论分析选用的理由，写出书面设计选用过程。

3）应用万用表测试判断元器件的极性和质量好坏（主要指三极管的管脚和质量好坏、电阻器阻值误差大小等）。

4）在面包板上完成电路元器件的连接。注意金属片与导线连接要可靠。

2. 触摸开关触摸采样控制电路调试

在任务二调试完成的电路基础上，把触摸采样控制电路的电源端分别接在直流稳压电源稳压管两端。

1）单极开关 S 断开

开关 S 断开，接通调压器电源，调节调压器输出不超过 36V，使稳压管两端电压为 12V。用手指触摸金属片时（注意此时调压器输出电压通过灯、整流二极管、三极管等构成通路），用万用表测量三极管集电极 c 和发射极 e 之间的电压，并记录在表 5.3.6 中。然后把手指移开，再测量 ce 之间的电压，将数据记录在表 5.3.6 中。让测量值和理论值进行比较，分析判断有何不同。

2）单极开关 S 合上

开关 S 合上，观察灯是否亮及灯的亮度。测量稳压管两端电压和三极管 ce 间电压，分别记录在表 5.3.6 中。用手指触摸金属片，再次测量稳压管两端电压和三极管 ce 间电压，并分别记录在表 5.3.6 中。注意观察分析两次测量值有何不同。

表 5.3.6　触摸采样控制电路调试记录表

控制方式 \ 电压值与灯亮状态		稳压值 U_z(V)	集-射电压 U_{ce}(V)		灯亮与否
			测量值	理论值	
S 断开	手指碰金属片 M				
	手指未碰金属片 M				
S 合上	手指碰金属片 M				
	手指未碰金属片 M				

三、工作评价

任务三　工作过程考核评价表

序号	主要内容	考核要求	考核标准	配分	扣分	得分
1	工作准备	认真完成任务实施前的准备工作	（1）劳防用品穿戴不合规范，扣5分； （2）仪器仪表未调节，仪器仪表放置不当，每处扣2分； （3）电工实验实训装置未仔细检查就通电，扣5分； （4）材料、工具没检查，每件扣2分； （5）没有认真学习安全用电规程，扣2分； （6）没有进行触电抢救技能训练，扣2分； （7）没有准备好项目工作手册、记录本和铅笔、圆珠笔、三角板、直尺、橡皮等文具，有一处扣2分	10		
2	电路设计	正确设计电路图	（1）触摸开关触摸采样控制电路原理图，设计不正确、电路图绘制不规范，每处扣5分； （2）电路无书面设计报告，扣15分； （3）电路器件选择不合理，每处扣5分； （4）元器件选用书面分析过程不合理、不科学，每处扣5分	35		
3	电路的制作和调试	元器件布置合理、安装牢固；接线正确、美观、牢固；调试过程规范、安全，测试、观察、分析合理，能正确记录	（1）元器件布置不合理，每处扣5分； （2）元器件安装不牢固，每处扣5分； （3）元器件接线不正确，每处扣5分； （4）元器件接线不牢固，每处扣5分； （5）调试操作过程中，测试操作不规范，每处扣10分； （6）调试过程中，没有按要求正确记录观察现象和测试的数据，每处扣10分； （7）调试过程中，没有按要求记录完整，每处扣5分； （8）调试过程中，不能正确分析观察的现象和测试的数据，每处扣10分； （9）安装调试过程中，未按照注意事项的要求操作，每项扣10分	35		
4	仪器仪表、工具的简单维护	安装完毕，能正确对仪器仪表、工具进行简单的维护保养	未对仪器仪表、工具进行简单的维护保养，每个扣5分	10		
5	服从管理	严格遵守工作场所管理制度，认真实行5S管理	（1）违反工作场所管理制度，每次视情节酌情扣5～10分； （2）工作结束，未执行5S管理，不能做到人走场清，每次视情节酌情扣5～10分	10		
6	安全生产	测量过程中，违反安全生产规程，视情节酌情扣10～20分，违反安全规程出现人身、设备、仪器仪表等严重事故者，本次考核以0分计				
备注				成绩		
考核人（签名） 年　月　日						

任务四　小电流晶闸管延时触发信号电路的设计与制作

一、任务准备

（一）知识答卷

任务四　知识水平测试卷

1．晶闸管的导通条件是什么？ 导通后流过晶闸管的电流和负载上的电压由什么决定？

2．晶闸管的关断条件是什么？ 如何实现？ 晶闸管处于阻断状态时其两端的电压大小由什么决定？

3．电路如图所示，已知$U_S = 100V$，$R_2 = 100\Omega$，开关 S 原来合在位置 1，电路处于稳态，在 t=0 时刻将 S 合到位置 2，试求电路中各初始值：$u_{R1}(0_+)$、$u_{R2}(0_+)$、$u_C(0_+)$及$i_C(0_+)$。

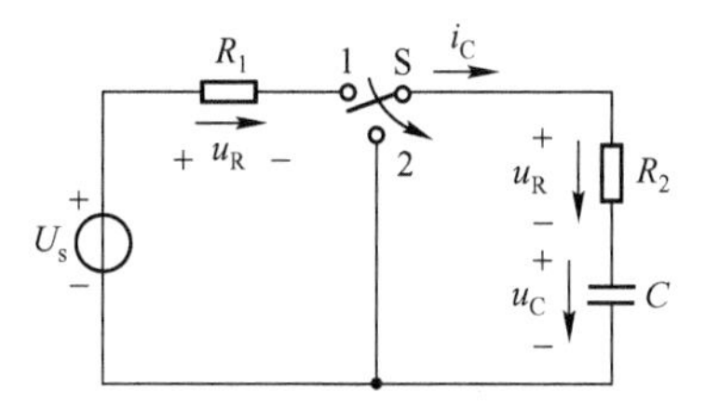

题 3 图

4．如图所示的 RC 串联电路中，已知$R = 10k\Omega$，$C = 3\mu F$，且开关 S 未闭合前，电容已充过电，电压为10V，求开关闭合后90ms及150ms时，电容上的电压。

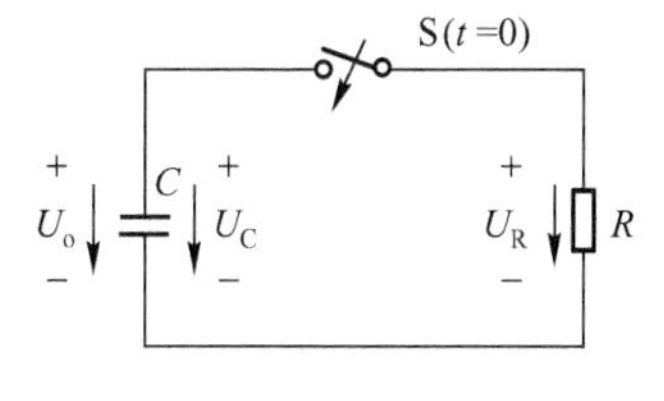

题 4 图

5．在刚断电的情况下修理含有大电容的电器设备时，往往容易带来危险，试解释原因。

（二）知识学习考评成绩

任务四 知识学习考评表

序号	评价内容	评价要求	评价标准	配分	得分
1	学习表现	认真完成任务，遵章守纪	按照拟定的平时表现考核表相关标准执行	15	
2	学习准备	认真按照规定内容，做好学习准备工作	学习准备事项不全，一项扣5分	10	
3	积极性、创新性	积极认真按照要求完成学习内容，并进行创新性学习	积极性、创新性有一项缺乏扣5分	10	
4	知识水平测试卷	按时、认真、正确完成答卷	（1）未做或做错，每题扣10分； （2）回答不全，每题扣5分	50	
5	课后作业	认真并按时完成课后作业	（1）作业缺题未做，一题扣3分； （2）作业错误，一题扣2分，累计最多不超过10分； （3）作业解答不全或部分错误，一题扣1分，累计最多不超过10分； （4）作业未做，本项成绩为0分	15	
6	合计				
7	备注				

二、任务实施

1．设计触摸开关触发延时电路，绘制电路原理图，并正确选用元器件完成电路连接

实施要求：

1）根据晶闸管应用电路工作特点，参照教材中图5.4.22，设计触摸开关触发延时电路原理图。

2）各项目小组在预先准备的元器件中选用电路的组成器件，并讨论分析选用的理由，写出书面设计选用过程。

3）应用万用表测试判断元器件的极性和质量好坏（主要指小电流晶闸管、三极管的管脚和质量好坏、电阻器阻值误差大小等）。

4）在面包板上完成电路元器件的连接。

2．触摸开关触发延时电路调试

在触发延时电路连接完成的基础上，先从a、b两点断开触摸采样控制电路，参照教材如图5.4.27完成电路调试。

1）单极开关S断开

开关S断开，接通调压器电源，调节调压器输出，使稳压管VD_Z两端电压为12V。观察照明灯和LED二极管指示灯是否发光。用万用表分别测量晶闸管VT阳极A和阴极K两端电压u_{AK}、稳压管VD_Z两端电压V_{CC}、电容C两端电压u_C、电阻R_g两端电压U_{Rg}、单极开关S两端电压U_S，并记录在表5.4.4中。分析比较测量值和理论值有何不同。

表 5.4.4 触摸开关触发延时电路调试记录表

电压与发光状态 / 开关状态	u_{AK}（V）	V_{CC}（V）	u_C（V）	U_{Rg}（V）	U_S（V）	灯亮与否	LED 指示灯发光与否
S 断开							
S 合上							

2）单极开关 S 合上

开关 S 合上，观察照明灯和 LED 二极管指示灯是否发光。用万用表分别测量晶闸管 VT 阳极 A 和阴极 K 两端电压 u_{AK}、稳压管 VD_Z 两端电压 V_{CC}、电容 C 两端电压 u_C、电阻 R_g 两端电压 U_{Rg}、单极开关 S 两端电压 U_S，并记录在表 5.4.4 中。分析比较测量值和理论值有何不同。

注意观察分析开关 S 合上前后两次测量值有何不同，若有不同，试分析原因。

3）单极开关 S 合上再断开

在上述单极开关 S 合上后再断开，观察照明灯和 LED 二极管指示灯是否发光，用秒表（无条件学校可用手表等）记录发光的时间。用万用表分别测量晶闸管 VT 阳极 A 和阴极 K 两端电压 u_{AK}、稳压管 VD_Z 两端电压 V_{CC}，并记录在表 5.4.5 中。用万用表分别测量观察电容 C 两端电压 u_C、电阻 R_g 两端电压 U_{Rg}、单极开关 S 两端电压 U_S 等的变化趋势，并记录在表 5.4.5 中。

改变图 5.4.27 所示电路中 C、R_1、R_2 等电路参数，重复上述调试过程，并把测量的结果记录在表 5.4.5 中。

表 5.4.5 开关 S 合上再断开时触发延时电路调试记录表

测量值与发光状态 / 电路参数			u_{AK}（V）	V_{CC}（V）	u_C（V）	U_{Rg}（V）	U_S（V）	照明灯持续时间（s）			LED 指示灯持续时间（s）		
C（μF）	R_1（kΩ）	R_2（kΩ）	变化趋势	变化趋势	变化趋势	变化趋势	变化趋势	状态	理论值	测量值	状态	理论值	测量值
100	100	1000											
100	100	2200											
100	150	5100											
100	220	5100											

注：表中电路参数是参考取值，调试过程中，可根据实际情况取值。

3．设计触摸开关触摸延时电路，绘制电路原理图，并正确选用元器件完成电路连接

实施要求：

1）在 2 调试电路完成基础上，参照主教材图 5.4.25 所示电路，设计触摸开关触摸延时电路原理图。图中元器件参数可按照延时 60s 选定。

2）在面包板上完成电路元器件的连接。

4. 触摸开关触摸延时电路的调试

参照主教材图 5.4.28，按照 2 的调试过程进行，把手指未触摸和触摸金属片 M 时观察和测量的结果记录在表 5.4.6 中，把手指触摸 M 后移走时观察和测量的结果记录在表 5.4.7 中。

分别与表 5.4.4 和表 5.4.5 中观察和测量记录进行比较，若有不同，试分析原因。

表 5.4.6 触摸开关触摸延时电路调试记录表（1）

电压与发光状态 / 手指触摸状态	u_{AK}（V）	V_{CC}（V）	u_C（V）	U_{Rg}（V）	U_S（V）	灯亮与否	LED 指示灯发光与否
手指未触摸 M							
手指触摸 M							

表 5.4.7 触摸开关触摸延时电路调试记录表（2）

测量值与发光状态 / 电路参数			u_{AK}（V）	V_{CC}（V）	u_C（V）	U_{Rg}（V）	U_S（V）	照明灯持续时间（s）			LED 指示灯持续时间（s）		
C（μF）	R_1（kΩ）	R_2（kΩ）	变化趋势	变化趋势	变化趋势	变化趋势	变化趋势	状态	理论值	测量值	状态	理论值	测量值

注：表中电路参数可根据实际情况选取。

5. 触摸延时开关印制电路板的制作和开关装配

此项有条件的学校可组织各项目训练小组根据触摸和声控开关制作和装配过程仿照实施。

三、工作评价

任务四 工作过程考核评价表

序号	主要内容	考核要求	考核标准	配分	扣分	得分
1	工作准备	认真完成任务实施前的准备工作	（1）劳防用品穿戴不合规范，扣 5 分； （2）仪器仪表未调节，仪器仪表放置不当，每处扣 2 分； （3）电工实验实训装置未仔细检查就通电，扣 5 分； （4）材料、工具没检查，每件扣 2 分； （5）没有认真学习安全用电规程，扣 2 分； （6）没有进行触电抢救技能训练，扣 2 分； （7）没有准备好项目工作手册、记录本和铅笔、圆珠笔、三角板、直尺、橡皮等文具，有一处扣 2 分	10		
2	电路设计	正确设计电路图	（1）触摸开关小电流晶闸管触发延时信号电路原理图，设计不正确、电路图绘制不规范，每处扣 5 分； （2）触摸开关触摸延时电路原理图，设计不正确、电路图绘制不规范，每处扣 5 分； （3）电路无书面设计报告，扣 15 分； （4）电路器件选择不合理，每处扣 5 分； （5）元器件选用书面分析过程不合理、不科学，每处扣 5 分	35		
3	电路的制作和调试	元器件布置合理、安装牢固；接线正确、美观、牢固；调试过程规范、安全，测试、观察、分析合理，能正确记录	（1）元器件布置不合理，每处扣 5 分； （2）元器件安装不牢固，每处扣 5 分； （3）元器件接线不正确，每处扣 5 分； （4）元器件接线不牢固，每处扣 5 分； （5）调试操作过程中，测试操作不规范，每处扣 10 分； （6）调试过程中，没有按要求正确记录观察现象和测试的数据，每处扣 10 分； （7）调试过程中，没有按要求记录完整，每处扣 5 分； （8）调试过程中，不能正确分析观察的现象和测试的数据，每处扣 10 分； （9）安装调试过程中，未按照注意事项的要求操作，每项扣 10 分	35		

续表

序号	主要内容	考核要求	考核标准	配分	扣分	得分
4	仪器仪表、工具的简单维护	安装完毕，能正确对仪器仪表、工具进行简单的维护保养	未对仪器仪表、工具进行简单的维护保养，每个扣5分	10		
5	服从管理	严格遵守工作场所管理制度，认真实行5S管理	（1）违反工作场所管理制度，每次视情节酌情扣5～10分； （2）工作结束，未执行5S管理，不能做到人走场清，每次视情节酌情扣5～10分	10		
6	安全生产	测量过程中，违反安全生产规程，视情节酌情扣10～20分，违反安全规程出现人身、设备、仪器仪表等严重事故者，本次考核以0分计				
备注			成绩			
考核人（签名） 年 月 日						

任务五 成果验收以及验收报告和项目完成报告的制定

一、任务准备

任务实施前师生根据项目实施结果要求，拟定项目成果验收条款，做好成果验收准备。成果验收标准及验收评价方案参照主教材表5.5.1所示。

成果验收标准及验收评价方案

序号	验收内容	验收标准	验收评价方案	配分方案
1	触摸开关电路功能	触摸开关电路通电220V控制40W照明灯时，满足以下三个功能要求：（1）未触摸金属片时，照明灯不亮，LED指示灯亮；（2）触摸金属片时，照明灯亮，LED指示灯不亮；（3）触摸金属片后移开手指，照明灯持续亮，LED指示灯不亮，60s后，照明灯、LED指示灯状态逆转，恢复为常态	（1）触摸开关电路通电后出现冒烟、焦味、异声等故障现象，以及电路短路造成电路不能正常工作，本项验收成绩为0分； （2）验收标准第（1）项功能不能完全实现，验收成绩扣15分； （3）验收标准第（2）项功能不能完全实现，验收成绩扣15分； （4）验收标准第（3）项功能不能实现，验收成绩扣20分，实现功能不全，验收成绩扣10分	50
2	线路工艺	（1）元器件安装牢固不松动，接触良好； （2）元器件布局合理； （3）接线正确、美观、牢固，连接导线横平竖直、不交叉、不重叠	（1）元器件布局不合理，与电路其他功能模块混杂，每个元器件扣5分； （2）元器件安装松动，与面包板接触不良，每个元器件扣5分； （3）导线接线错误，每处扣10分； （4）导线连接松动，每根扣5分； （5）导线不能横平竖直，且交叉、重叠。私拉乱接情况严重者，本项成绩为0分，情况较少者，每处扣3分	25
3	技术资料	（1）触摸开关电路各功能模块设计的电路原理图制作规范、美观、整洁，无技术性错误； （2）元器件选用分析的书面报告齐全、整洁； （3）电路调试过程数据和观测现象的记录表及结论分析记录完整、整洁	（1）电路原理图制作不规范，绘制符号与国标不符，每份扣5分，有技术性错误，每份扣10分，电路原理图制作不美观、整洁，每份扣5分；每缺一份扣10分； （2）元器件选用分析的书面报告不齐全，每缺一份扣10分，不整洁每份扣5分； （3）记录表及结论分析记录不完整、不整洁，每份扣5分，每缺一份扣10分	25

二、任务实施

1．成果验收

项目工作小组之间按照标准互相进行成果验收评价，并制定验收报告。第 n 组对第 $n+5$ 组评价，若 $n+5>N$（N 是项目工作小组总组数），则对第 $n+5-N$ 组进行成果验收评价。

2．成果验收报告制定

项目五　验收报告书

项目执行部门		项目执行组	
项目安排日期		项目实际完成日期	
项目完成率		复命状态	主动复命　□
未完成的工作内容		未完成的原因	
项目验收情况综述			
验收评分		验收结果	达标□　基本达标□　不达标□　很差□
验收人签名		验收日期	

3．项目完成报告制定

项目五　完成报告书

项目执行部门			项目执行组	
项目执行人			报告书编写时间	
项目安排日期			项目实际完成日期	
项目实施任务 1：项目实施文件制定及工作准备	内容概述			
	完成结果			
	分析结论			
项目实施任务 2：触摸开关主电路和直流稳压电源的设计与制作	内容概述			
	完成结果			
	分析结论			
项目实施任务 3：触摸采样控制电路的设计与制作	内容概述			
	完成结果			
	分析结论			
项目实施任务 4：小电流晶闸管延时触发信号电路的设计与制作	内容概述			
	完成结果			
	分析结论			
项目实施任务 5：成果验收以及验收报告和项目完成报告的制定	内容概述			
	完成结果			
	分析结论			

续表

项目执行部门		项目执行组	
项目执行人		报告书编写时间	
项目安排日期		项目实际完成日期	
项目工作小结：（本项目已经完成，对于项目的实施需要哪些知识及技能，以及对项目的实施有什么看法、建议或体会，请编写出项目工作小结，若字数多可另附纸）			

三、工作评价

任务五　任务完成过程考评表

序号	评价内容	评 价 要 求	评 价 标 准	配分	得分
1	工作态度	认真完成任务，严格执行验收标准、遵章守纪、表现积极	按照拟定的平时表现考核表相关标准执行	10	
2	成果验收	认真按照验收标准完成成果验收	（1）成果验收未按标准进行，每处扣10分； （2）成果验收过程不认真，每处扣10分	20	
3	成果验收报告书制定	认真按照要求规范、完整地填写好成果验收报告书	（1）报告书填写不认真，每处扣10分； （2）报告书各条目未按要求规范填写，每处扣10分； （3）报告书各条目内容填写不完整，每处扣10分	20	
4	项目完成报告书制定	认真按照要求规范、完整地填写好项目完成报告书	（1）报告书填写不认真，每处扣10分； （2）报告书各条目未按要求规范填写，每处扣10分； （3）报告书各条目内容填写不完整，每处扣10分； （4）无项目工作小结，扣30分； （5）项目工作小结撰写的其他情况，参考（1）～（3）评分	50	
4	合计				
5	备注				

知识技能拓展

各项目小组课后可自行阅读学习知识拓展1～2内容，并做好读后感交流。

知识技能拓展3　RC积分和微分电路的应用分析及测试

一、任务准备

(一)知识答卷

知识技能拓展3　知识水平测试卷

1．何谓积分电路和微分电路，它们必须具备什么条件？

2．微分电路在方波序列脉冲的激励下，其输出信号波形的变化规律如何？电路有何功用？

3．积分电路在方波序列脉冲的激励下，其输出信号波形的变化规律如何？电路有何功用？

4．RC电路产生尖脉冲触发信号的条件有哪些？

5．RC电路产生三角波信号的条件有哪些？

（二）知识学习考评成绩

知识技能拓展 3　知识学习考评表

序号	评价内容	评价要求	评价标准	配分	得分
1	学习表现	认真完成任务，遵章守纪	按照拟定的平时表现考核表相关标准执行	15	
2	学习准备	认真按照规定内容，做好学习准备工作	学习准备事项不全，一项扣 5 分	10	
3	积极性、创新性	积极认真按照要求完成学习内容，并进行创新性学习	积极性、创新性有一项缺乏扣 5 分	10	
4	知识水平测试卷	按时、认真、正确完成答卷	（1）未做或做错，每题扣 10 分； （2）回答不全，每题扣 5 分	50	
5	课后作业	认真并按时完成课后作业	（1）作业缺题未做，一题扣 3 分； （2）作业不全，一题扣 2 分，累计最多不超过 10 分； （3）作业错误，一题扣 1 分； （4）作业未做，本项成绩为 0 分	15	
6	合计				
7	备注				

二、任务实施

1．固定 RC 参数，调整方波周期，观察分析结果

固定 RC 电路参数，改变输入的方波信号周期，观察并绘制 R、C 不同输出时电路的输出响应波形，并分析波形变化的规律和归纳、总结微积分电路形成的条件。

1）实验线路板如教材中图 5.6.11 所示，在实验线路板上选取 R=10kΩ，C=0.1μF 组成 RC 充放电电路，信号发生器输出的方波信号电压 u_i=3V，频率 f=50Hz，双踪示波器探头将激励源 u_i 和响应 u_o（u_C 或 u_R）的信号分别接至示波器的两个 Y 输入端，调节示波器并在示波器上观察激励与响应波形的变化规律，并在波形纸上按比例绘制观察到的 u_i、u_C、u_R 波形，把绘制的波形粘贴在表 5.6.4 处。

2）保持幅值不变，改变信号发生器输出的方波信号电压 u_i 的频率 f，使得 f 分别为 200Hz、500Hz、5kHz，按 1）中所示步骤和要求，完成实验过程。

3）分析表 5.6.4 中所绘制的波形，把分析结论填写在表中。

表 5.6.4　RC 固定时 u_i、u_C、u_R 波形分析记录表

R=________　C=________　$\tau=RC$=________

信号				
u_i				
u_C				
u_R				
结论分析：				

2．固定方波周期，调整 RC 参数，观察分析结果

固定输入的方波信号周期，改变 RC 电路参数，观察并绘制 R、C 不同输出时电路的输出响应波形，并分析波形变化的规律和归纳、总结微积分电路形成的条件。

1）实验线路板主教材中如图 5.6.11 所示，在实验线路板上选取 R=10kΩ，C=0.01μF 组成 RC 充放电电路，信号发生器输出的方波信号电压 u_i=3V，频率 f=500Hz，双踪示波器探头将激励源 u_i 和响应 u_o（u_C 或 u_R）的信号分别接至示波器的两个 Y 输入端，调节示波器并在示波器上观察激励与响应波形的变化规律，并在波形纸上按比例绘制观察到的 u_i、u_C、u_R 波形，把绘制的波形粘贴在表 5.6.5 处。

2）保持方波信号电压 u_i 的频率和幅值不变，改变 RC 电路参数，使 R、C 分别为三组：（1）R=10kΩ、C=0.047μF；（2）R=10kΩ、C=0.1μF；（3）R=10kΩ、C=1μF，按 1）中所示步骤和要求，完成实验过程。

3）分析表 5.6.5 处所绘制的波形，把分析结论填写在表中。

表 5.6.5　T 固定时 u_i、u_C、u_R 波形分析记录表

T = ________　　幅值________

τ / 信号	R =　　C =	R =　　C =	R =　　C =	R =　　C =
u_i				
u_C				
u_R				
结论分析：				

三、工作评价

技能拓展工作过程考核评价表

序号	主要内容	考核要求	考 核 标 准	配分	扣分	得分
1	工作准备	认真完成任务实施前的准备工作	（1）劳防用品穿戴不合规范，扣 5 分； （2）仪器仪表未调节，仪器仪表放置不当，每处扣 2 分； （3）电工实验实训装置未仔细检查就通电，扣 5 分； （4）器材、工具没检查，每件扣 2 分； （5）没有认真学习安全用电规程，扣 2 分； （6）没有进行触电抢救技能训练，扣 2 分； （7）没有准备好项目工作手册、波形纸、记录本和铅笔、圆珠笔、三角板、直尺、橡皮等文具，有一处扣 2 分	10		
2	测量过程	测量过程准确无误	（1）不能在波形记录纸上按比例正确测绘 u_i、u_C、u_R 的波形，每个扣 10 分； （2）运用示波器测量波形前自检过程中，操作错误每错 1 处扣 5 分； （3）不能正确调试信号发生器输出信号频率和幅值，每处扣 10 分； （4）不能正确通过示波器观察和测试电阻器、电容器两端电压波形，每失误 1 次扣 10 分； （5）不能正确填写波形和数据记录表，每失误 1 次扣 5 分； （6）电路元器件选用和连接有误，每处扣 10 分	40		

续表

序号	主要内容	考核要求	考核标准		配分	扣分	得分
3	测量结果	测量结果在允许误差范围之内，并能正确分析结论	（1）测量结果有较大误差或错误，每处扣 10 分； （2）结论分析有误，每处扣 10 分		30		
4	仪器仪表、器材的简单维护	安装完毕，能正确对仪器仪表、器材进行简单的维护保养	未对仪器仪表、器材进行简单的维护保养，每个扣 5 分		10		
5	服从管理	严格遵守工作场所管理制度，认真实行 5S 管理	（1）违反工作场所管理制度，每次视情节酌情扣 5～10 分； （2）工作结束，未执行 5S 管理，不能做到人走场清，每次视情节酌情扣 5～10 分		10		
6	安全生产	测量过程中，违反安全生产规程，视情节酌情扣 10～20 分，违反安全规程出现人身、设备、仪器仪表等严重事故者，本次考核以 0 分计					
备　注			成　绩				
考核人（签名）　　年　月　日							

思考与练习

一、填空题

1．N 型半导体中的多数载流子是________。

2．硅管二极管的导通电压 U_{ON} 约为________，导通后其管压降约为________；锗管的 U_{ON} 约为________，导通后其管压降约为________。

3．杂质半导体有________和________型半导体。

4．二极管的两端加正向电压时，有一段“死区电压”，锗管约为________，硅管约为________。

5．二极管的类型按材料分________、________等两种类型。

6．三极管按结构分为________和________两种类型，均具有两个 PN 结，即________和________。

7．三极管的发射结和集电结都正向偏置或反向偏置时，三极管的工作状态分别是________、________和________。

8．晶体三极管用于放大时，应使发射极处于________偏置，集电极处于________偏置。

9．在 NPN 型硅三极管输出特性曲线上，截止区：$u_{BE}<$________，$i_B=$________，$i_C=$________；在放大区：$u_{BE}=$________，U_C________U_B，$\beta=$________；在饱和区：$u_{BE}=0.7V$，$u_{CE}=U_{CES}$，其值约为________，$i_{BS}>$________，U_C________U_B。

二、绘图和计算题

1．在图中，设 VD 为理想二极管，已知输入电压的波形，试求输出电压的波形。

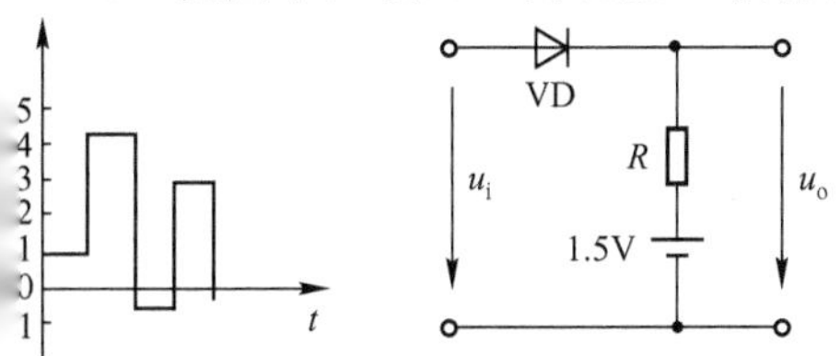

绘图和计算题题 1 的图

2．在图电路中，已知 $u_i = 5\sin\omega t\,(V)$，试分别画出 u_o 的波形。设二极管为理想元件。

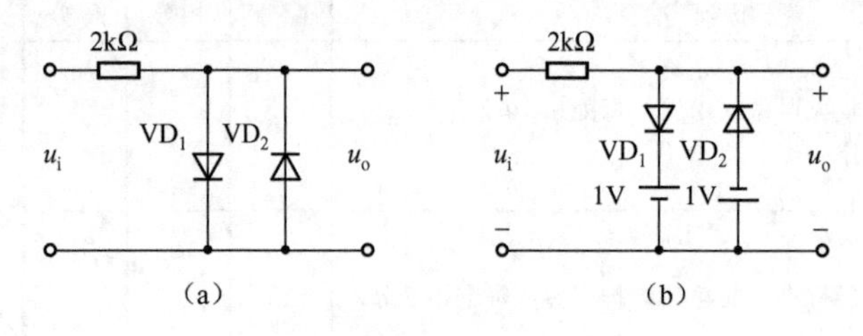

绘图和计算题题 2 的图

三、实践与思考题

1．如何用万用表的欧姆挡来辨别一只二极管的阴、阳两极？（提示：指针万用表的黑表笔接表内直流电源的正极，红表笔接负极）

2．有人用万用表测二极管的反向电阻时，为了使表笔和管脚接触良好，用两只手捏紧被测二极管脚与表笔接触处，测量结果发现二极管的反向阻值比较小，认为二极管的性能不好，但二极管在电路中工作正常，试问这是什么原因？

3．能否用 1.5V 的干电池，以正向接法直接加至二极管的两端？估计会出现什么问题？你认为应该怎样解决？

4．实际中，常用万用表 R×1kΩ挡检测电容较大的电容器的质量。检测前，先将被测电容器短路使它放电完毕。测量时，若（1）指针摔动后，再返回万用表无穷大（∞）刻度处，说明电容器是好的；（2）指针摔动后，返回时速度较慢，说明被测电容器容量较大。试用 RC 电路充放电的原理解释上述现象。

附录A　习题解析与答案

项目一习题解析与答案

任务二　知识水平测试卷答案

1．填空题

1）零；2）部分电路，全电路；3）欧姆，欧，Ω，ρ；4）$E-U_0$；5）2，0，0，V；6）0.2A。

2．选择题

1）③；2）①；3）④；4）②；5）③；6）②；7）②；8）④；9）①；10）②。

3．判断题

1）×　2）×　3）√　4）√　5）√　6）×　7）×　8）√　9）√　10）√。

4．计算题

1）解　选截面为 35mm^2 的铜绞线。

2）解　I=3A，U=IR=22.5V，U_0=IR_0=1.5V。

3）解　（1）关联，非关联；（2）吸收，发出；（3）实际发出，实际发出。

4）解　P_A=300W，发出；P_B=60W，吸收；P_C=120W，吸收；P_D=80W，吸收；P_E=40W，吸收。

任务三　知识水平测试卷答案

1．填空题

1）电压，电流，电阻；2）正，负载电阻，内电阻；3）电流，电压降；4）15；5）千瓦小时；6）大小，电位升，相反；7）8Ω，1.5Ω；8）电源，电源，负载，闭合电路；9）11Ω。

2．选择题

1）B　2）B　3）C　4）B　5）D　6）C　7）A　8）C　9）A　10）A　11）A　12）A　13）A　14）A　15）A　16）A　17）A　18）A　19）A　20）A　21）A

3．判断题

1）×　2）×　3）×　4）√

4．计算题

1）解　（1）2A 电流源发出功率 P_{is}=10×2=20W，10V 电压源吸收功率 P_{us}=20W；

（2）如要求 2A 电流源功率为 0，在 AB 线段内插入与 u_S 电压源方向相反数值相等的电压源 u_S'；

（3）如要求 10V 电压源功率为零，在 BC 间并联电流源 i_S'，其方向与 i_S 电流源相反，数值与 i_S 相等。

2）解 R=80Ω，I=2.75A。

3）解　（1）电流及功率：100W 灯泡的电流 I_1=0.45A，P_1=100W；200W 灯泡的电流

I_2=0.9A，P_2=200W。

（2）两灯泡串联：I_1=0.3A，U_2=73.3V，U_1=146.6V，P_1=44.5W，P_2=22W。

所以 100W 灯泡电压高，实际功率较大，因此灯泡较亮，而 200W 灯泡电压低，实际功率较小，因此灯泡较暗。

任务四　知识水平测试卷答案

1．填空题

1）5Ω　5W　3）nR　4）小　6）2kΩ与 4kΩ串联后再与 6kΩ并联，4kΩ与 12kΩ并联　7）$R/4$　$R/16$　8）2Ω　2A

2．选择题

1）B　2）A　3）A　4）A　5）B　6）D　7）D　8）～12）A　13）D　14）ABC　15）B

3．思考题

1）答：R_3 增大，则 R_2 和 R_3 并联等效电阻增大，电压表读数减小，电流表读数增加；若减小，情况相反。

$R_A = \frac{U^2_{A额}}{P_{A额}} = \frac{220^2}{100}$，$R_B = \frac{U^2_{B额}}{P_{B额}} = \frac{220^2}{25}$，所以 R_B=4R_A。

2）答：当 A、B 串联时，$U \propto R$。当 B 灯达到 220V 时，A 灯只达到 55V；而当 A 灯达到 220 V 时，B 灯电压已经超过额定 4 倍了，由于要安全使用，在此取 B 灯不被烧毁考虑，则 A 灯也一定不被烧毁。

所以，PQ 段所加电压的最大值为 275V。这时 B 灯的功率 P_B=25W，A 灯的功率为 $P_A = P_B / 4 = 6.25W$；而 PQ 段允许消耗的最大功率为 P_B+P_A=25+6.25=31.25W。

3）答：由它们的额定电压、额定功率可判出，4 个灯的电阻分别为：

$$R_1 = R_2 = \frac{220^2}{100} = 484\Omega，\quad R_3 = R_4 = \frac{220^2}{40} = 1210\Omega \quad R_1 = R_2 < R_3 = R_4$$

由此推得即 $R_4>R_1>R_{23}$。

又因串联电路 $P \propto R$，所以 $P_4>P_1>(P_2+P_3)$，而 L_2 与 L_3 并联，且并联电路中 $P \propto 1/R$，所以 $P_2>P_3$。

这 4 盏灯功率的关系是：$P_4>P_1>P_2>P_3$。

可见，L_3 的实际功率最小，所以 L_3 灯最暗。

4．综合计算题

1）解 ① 该电路的等效电路有 $R_1=R_2=R_3$=1000Ω，等效电阻 R=1500Ω；

② 总电流 I=0.15A；

③ 负载电流 I_2=0.075A；

④ 输出电压 U_2=75V，负载功率 P_2=5.6kW。

2）解 由并联电路的电流分配关系知为：

$$I_1 : I_2 : I_3 = \frac{1}{R_1} : \frac{1}{R_2} : \frac{1}{R_3}$$

即 $I_1 : I_2 : I_3 = R_2R_3 : R_1R_3 : R_1R_2$，$I_1 : I_2 : I_3 = R_3 : \frac{R_1 \cdot R_3}{R_2} : R_1$

由已知条件得 $I_1 : I_2 : I_3 = R_3 : R_2 : R_1$

所以$R_2=\frac{R_1R_3}{R_2}$，$R_2=\sqrt{R_1R_3}$。

3）解 用等势法：设电势A点高，B点低。由A点开始，与A等势的点没有。由A经R_1到C点，E点与C点等势。再向下到D点，F点、B点与D点等势，其关系依次由下图所示。

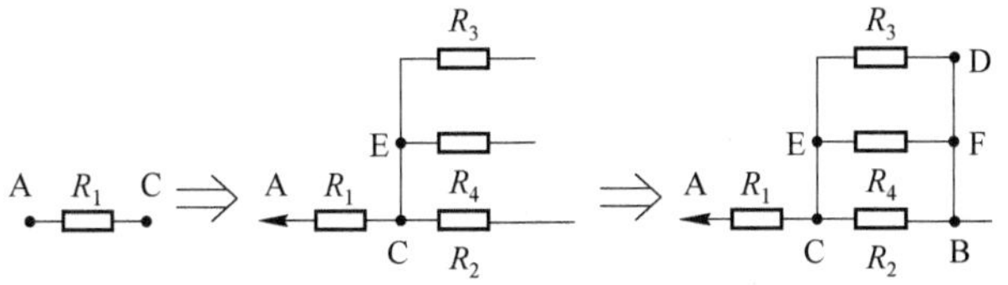

可知该电路中R_2、R_3、R_4并联后与R_1串联。

思考与练习解答

1．填空题

1）负载状态，空载状态（断路），短路状态；2）电流；3）正比，反比，欧姆定律；4）把其他形式的能转换成电能；5）恒定的，外电路；6）电源，负载，连接导线及开关；7）长度，截面积；8）传送，控制，转换；9）低电位，高电位；10）10V，0V；11）之和，小。

2．选择题

1）～14）A；15）C；16）B；17）B。

3．思考题

1）答：串联电阻电路有以下几个特点：（1）各电阻中的电流相等；（2）各电阻上电压降之和等于总电压；（3）电路中的总电阻等于各个分电阻之和；（4）各电阻上电压降与各电阻成正比。

2）答：并联电阻电路有以下几个特点：（1）并联电阻两端承受同一电压；（2）并联电路的总电流等于各分电流之和；（3）并联电阻的等效电阻的倒数等于各支路电阻倒数之和；（4）并联电路的各支路对总电流有分流作用。

3）解析：（1）并联：220V、100W 的灯亮。因为电压相同 U=220V，I_1=40W/220V 小于 I_2=100W/220V，即 P_1 小于 P_2。

（2）串联：220V、40W 的灯亮。因为电流相同为 I，$U_1=[(220V/40W)^2]I$，大于 $U_2=[(220V/100W)^2]I$，即 P_1 大于 P_2。

4）解析：伏安法测电阻原理是 $R_x=U/I$。

（1）先选毫安表，估算电路最大电流约为 $I=U/R_x=4V/100\Omega=40mA$，所以选用 A_2；

（2）再选电压表，因电路电压 $U<E=4V$，故用 V_1 即可，若用 V_2，则指针偏转太小，读数误差大；

（3）然后选择电路，因毫安表内阻（40Ω）与待测电阻（100Ω）接近，而电压表内阻（10kΩ）与待测电阻相差很大，故采用毫安表外接电路；

（4）最后选择滑动变阻器接法，本题若用限流式接法，则电路电流约为：$I=E/(R_x+R)$=4/(100+15)=35mA>30mA，且待测电阻上电压的变化范围为 2.7V(4×100/150)至 4V 之间，用分压式接法待测电阻上可获得 0～4V 之间的连续电压，电流可调到 30mA 以下。

所以直流毫安表、直流电压表应分别选用 A_2 和 V_1，电流表采用外接电路，滑动变阻器采用分压式接法。

5）解析：（1）若将电压全部加在待测电压表上，电流的最大值为 200μA，在保证表不被烧坏、且读数比较准确时，应选电流表 A_1。（2）为减小实验误差，又保证电压表不损坏（电压表量程为 3V），应采用分压式接法接入滑动变阻器（因电压表内阻至少是 R 的 20 倍）。若采用限流式接法接入滑动变阻器，电压表有可能损坏，正确电路略。

6）解 （1）电流表外接，滑动变阻器分压式接法；（2）3V，0.6A。

7）解 （1）①CDF，②CADBEF，③600；（2）串；49400。

4．计算题

1）解 $I=10/(R_1+R_2)$A，$U_{ab}=IR_2$V。

2）解 灯泡 $I\approx0.18$A，小电珠 $P=IU=0.75$W。

3）解 （1）$I=-U_S/(R_1+R_2)=-50/(10+40)\text{A}=-1\text{A}$，$U=-IR_2=-1\times40\text{V}=40\text{V}$；
$P_{US}=U_SI=50\times(-1)\text{W}=-50\text{W}$（发出），$P_{R1}=I^2R_1=(-1)^2\times10\text{ W}=10\text{W}$（消耗）；
$P_{R2}=-UI=-40\times(-1)\text{W}=40\text{W}$（消耗）。

（2）$I=1$A，$U=IR=1\times40\text{V}=40\text{V}$，$P_{IS}=-UI_S=-40\times1\text{W}=40\text{W}$（发出），$P_{R1}=I^2R=1^2\times40\text{W}=40\text{W}$（消耗）；

（3）$U=I(R_1+R_2)=-1\times(10+40)\text{V}=-50\text{V}$，$P_{IS}=-UI_S=-(-1)\times(-50)\text{W}=-50\text{W}$（发出），$P_{R1}=I^2R_1=(-1)^2\times10\text{W}=10\text{W}$（消耗），$P_{R2}=I^2R_2=(-1)^2\times40\text{W}=40\text{W}$（消耗）；

（4）$U_{R1}-IR_1=-1\times10\text{V}=-10\text{V}$，$-U_{R1}+U=50\text{V}$，$U=50\text{V}$，$-(-U_{R1})=50+(-10)\text{V}=40\text{V}$，$P_{US}=50\times(-1)\text{W}=-50\text{W}$（发出），$P_R=I^2R=10\text{W}$（消耗），$P_{IS}=-UI=-40\times(-1)\text{W}=40\text{W}$（吸收）。

4）解（1）$P_{AB}=U_{AB}I=500\text{W}$（产生），$U_{AB}=-500\text{W}/2\text{A}=-250\text{V}$；

（2）$P_{BC}=U_{BC}I=50\text{W}$（消耗），$U_{BC}=50\text{W}/2\text{A}=25\text{V}$；

（3）$P_{CD}=U_{CD}I=400\text{W}$（消耗），$U_{CD}=400\text{W}/2\text{A}=200\text{V}$，$U_{DC}=-200\text{V}$；

（4）$P_{DA}=U_{DA}I=50\text{W}$（消耗），$U_{DA}=50\text{W}/2\text{A}=25\text{V}$。

5）解（1）$V_B=0$，则 $V_A=90\text{V}-5\times6\text{V}=60\text{V}$，$V_C=140\text{V}$，$V_D=90\text{V}$；$U_{AC}=V_A-V_C=-80\text{V}$，$U_{AD}=V_A-V_D=-130\text{V}$，$U_{CD}=V_C-V_D=50\text{V}$。

（2）$V_C=0$，则 $V_A=-140\text{V}+90\text{V}-5\times6\text{V}=-80\text{V}$，$V_B=-140\text{V}$，$V_D=-140\text{V}+90\text{V}=-50\text{V}$；
$U_{AC}=V_A-V_C=-80\text{V}$，$U_{AD}=V_A-V_D=-30\text{V}$，$U_{CD}=V_C-V_D=50\text{V}$。

6）解（1）0.5A 电流源发出功率 1W，2Ω电阻吸收功率 0.5W，1V 电压源吸收功率 0.5W；

（2）2Ω电阻吸收功率 0.5W，1Ω电阻吸收功率 1W，2V 电压源发出功率 1W，1V 电压源发出功率 0.5W。

7）解（1）$U=16$V，该并联电路吸收功率 32W，电流源发出 96W，电阻吸收 128W；

（2）$U=8$V，该并联电路发出 16W，其中电流源发出 48W，电阻吸收 32W；

（3）$U=-6$V，该并联电路发出 12W，其中电流源发出 24W，电阻吸收 12W；

（4）$U=8$V，该并联电路吸收 40W，其中电流源吸收 24W，电阻吸收 16W。

8）解 不计安培表内阻，R_1、R_2、R_3 并联，其等效电路由图可知：

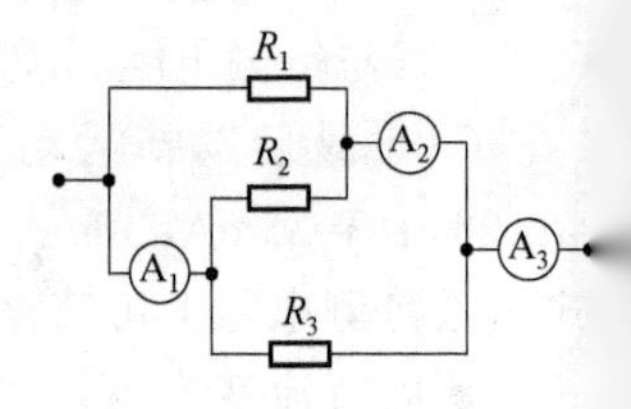

安培表 A_1 的读数为 $I_2+I_3=0.3$ ①

安培表 A_2 的读数为 $I_1+I_2=0.4$ ②

安培表 A_3 的读数为 $I_1+I_2+I_3=0.6$ ③

所以由式①、②、③得：$I_1=0.3$A，$I_2=0.1$A，$I_3=0.2$A。

9）解 满刻度时，表头所承受的电压为：

$$U_g=I_gR_g=50\times10^{-6}\times2\times10^3=0.1\text{V}$$

为了过大量程，必须串联上附加电阻来分压，可以列出以下方程：

$$50=I_g(R_g+R_1)，\ 100-50=I_gR_2$$

代入已知条件，可得

$$R_1 = 998\text{k}\Omega，\quad R_2 = 10^6\,\Omega = 1000\text{k}\Omega$$

10）解 由题意得，已知 I_g=50mA，R_g=2kW，由并联电路分流作用可得

$$I_g = \frac{R_s}{R_s + R_g}$$

分流电阻

$$R_s = \frac{I_g R_g}{I - I_g} = \frac{50\times10^{-6}\times2\times10^3}{50\times10^{-3} - 50\times10^{-6}} \approx 2\Omega$$

11）解 用分支法分析该电路。

第一分支：从 A 经电阻 R_1 到 B。（原则上最简便直观的支路）

第二分支：从 A 经电阻 R_2 到 C 再到 B。

第三分支：从 A 经电阻 R_3 到 D 再经 R_4 到 B。

以上三个支路并联，且在 C、D 间接有电键 K。化简后的等效电路如图所示。

12）解 由解题步骤可将原电路图等效为下图，由此可直观地看出 R_{AB} 的值为

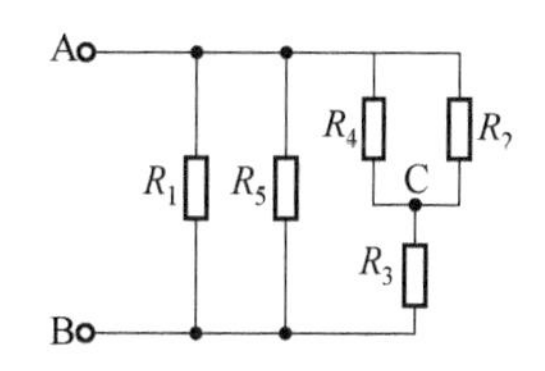

$$R_{dB} = \frac{\left(\dfrac{R_2R_4}{R_2+R_4}+R_3\right)\cdot\dfrac{R_1R_5}{R_1+R_5}}{\left(\dfrac{R_2R_4}{R_2+R_4}+R_3\right)+\dfrac{R_1R_5}{R_1+R_5}}$$

又因为 $\dfrac{R_2R_4}{R_2+R_4}+R_3 = \dfrac{20\times20}{20+20}+20 = 30\,\Omega$，$\dfrac{R_1R_5}{R_1+R_5} = \dfrac{60\times20}{60+20} = 15\,(\Omega)$；

所以

$$R_{dB} = \frac{30\times15}{30+15} = 10\,\Omega$$

13）解 等效电阻

$$R = R_1 + \frac{R_2R_3}{R_2+R_3} = 60 + \frac{40\times40}{40+40} = 60+20 = 80\Omega$$

总电流

$$I = \frac{U}{R} = \frac{80}{80} = 1\text{A}$$

用分流公式可求出 I_2 和 I_3。而

$$I_2 = \frac{R_3}{R_2+R_3}\times I = \frac{40}{40+40}\times1 = 0.5\text{A}$$

$$I_3 = I - I_2 = 1 - 0.5 = 0.5\text{A}$$

用分压公式可求出 U_1 和 U_2。

$$U_1 = \frac{R_1}{R}\times U = \frac{60}{80}\times80 = 60\text{V}，\quad U_2 = \frac{R_{23}}{R}\times U = \frac{20}{80}\times80 = 20\text{V}$$

其中

$$R_{23} = \frac{R_2R_3}{R_2+R_3} = \frac{40\times40}{40+40} = 20\Omega$$

项目二习题解析与答案

任务二 知识水平测试卷答案

1．填空题

1）支路，节点，回路；2）18A，7A；3）6V；4）参考方向，正，负。

2．选择题

1）①；2）②；3）③；4）②；5）④；6）②。

3．判断题

1）×，2）√，3）√，4）√，5）×。

4．计算题

1）解 $i_1=2\text{A}$，$i_2=6\text{A}$，$i_3=8\text{A}$，$u_{12}=8\text{V}$，$u_{23}=12\text{V}$，$u_{31}=-20\text{V}$。

2）解 $U_{\text{AB}}=0\text{V}$。

3）解 $I=\frac{5}{8}\text{A}$。

4）解 1A。

任务三 知识水平测试卷答案

1．解 $I_1=10\text{A}$，$I_2=-5\text{A}$，$I_3=5\text{A}$。

2．解 $I_1=1\text{A}$，$I_2=5\text{A}$。

3．解 $I=1.2\text{A}$，$I_1=0.2\text{A}$，$U=43\text{V}$。

4．解 $I_1=(E_1-U)/R_1$，$I_2=(E_2-U)/R_2$，$I_3=(E_3-U)/R_3$，$I_4=U/R_4$。

5．解 $U_\text{A}=\frac{34}{5}\text{V}$，$U_\text{B}=\frac{39}{5}\text{V}$。

任务四 知识水平测试卷答案

1．解 $I=-\frac{5}{24}\text{A}$，$I_{2\Omega}=-\frac{7}{24}\text{A}$，$I_{4\Omega}=-\frac{1}{12}\text{A}$、$U=-\frac{5}{24}\text{V}$。

2．解 $I_\text{a}=-\frac{1}{7}\text{A}$，$I_\text{b}=\frac{6}{7}\text{A}$，$U=\frac{45}{7}\text{V}$。

3．解 $I_\text{a}=-\frac{17}{11}\text{A}$，$I_\text{b}=-\frac{9}{11}\text{A}$，$P_{2\Omega}=\frac{128}{11}\text{W}$。

4．解 I_1 向右，I_2、I_{E3} 向左，I_4 向上，I_3、I_5 向右。$I_1=8.45\text{A}$，$I_2=5.55\text{A}$，$I_{\text{E3}}=8.38\text{A}$，$I_3=-2.9\text{A}$，$I_4=2.83\text{A}$，$I_5=-0.066\text{A}$。

5．解 I_{S1} 两端电压下为正、上为负，2.26V；I_{S2} 两端电压上为正、下为负，4.84V。

思考与练习答案

1．思考并简答题

1）答：$n-1$ 个独立 KCL 方程，$b-n+1$ 个独立 KVL 方程。举例略。

2）答：(1) 三个节点，6 条支路；(2) 各支路电流参考方向与电压取关联参考方向。所有 KCL 方程：$I_2+I_3+I_4+I_6=I_5$，$I_1+I_3+I_4=I_7$，$I_6+I_7+I_8=0$；(3) 各网孔按顺时针绕行，各 KVL 方程为 $-U_2+U_3-U_1=0$，$-U_3+U_4=0$，$-U_4+U_6-U_7=0$，$-U_5-U_6+U_8=0$。

3）答：身穿绝缘服的工作人员操作时，由于绝缘服和地面之间有很高的绝缘电阻值，根据 KVL 可知，电源电压几乎全部作用在绝缘电阻上，而人体电压极低，故不会触电。

4）答：不变化。

5）答：33.3mA，1.67V。

6）答：由最大功率传输定理可知，当负载电阻等于含源二端网络的等效电阻时，负载获得最大功率。

7）答：把独立电流源两端电压作为未知量列入方程，再补写一个独立电流源电流和其他支路电流关系的KCL方程。

8）答：把理想电压源电流作为未知量列入节点方程，再补写一个节点电压与理想电压源电压关系的补充方程。

9）答：两个节点，负载电流是0A。

10）答：网孔是独立回路，但独立回路不一定就是网孔。独立回路是含有其他回路中所没有分支的回路。

11）答：把理想电流源电压作为未知量列入网孔方程，再补写一个电流源电流与网孔电流关系的补充方程。

12）答：R_x 的一个接头接触不良，则电阻阻值处在不稳定变化状态，电桥很难调至平衡，即使调到平衡测得的阻值也不准确。一般接触不良时阻值很高，标准电阻箱阻值很难调成匹配，使电桥平衡。

13）答：比率臂的选择原则参见表2.3.1，比率臂旋钮的指示值可选×10挡。

14）答：一方面，双臂电桥电位接点的接线电阻与接触电阻位于 R_1、R_3 和 R_2、R_4 的支路中，设法令 R_1、R_2、R_3 和 R_4 都不小于 100Ω，那么接触电阻的影响就可以略去不计。另一方面，双臂电桥电流接点的接线电阻与接触电阻，一端包含在电阻 r 里面，而 r 是存在于更正项中，对电桥平衡不发生影响；另一端则包含在电源电路中，对测量结果也不会产生影响。当满足 $R_3/R_1=R_4/R_2$ 条件时，基本上消除了 r 的影响。

15）答：只要 R_1、R_2、R_3 和 R_4 都不小于100Ω，则引线电阻较大，就不会对测量结果有影响。

2. 计算题

1）（1）略；（2）200W、100W、60W、80W、30W、10W，元件1、5、6为负载，元件2、3、4为电源；

2）0.75V。

3）（1）$I_{20\Omega}=3.12\text{A}$，$I_{5\Omega}=6.48\text{A}$，$I_{6\Omega}=9.6\text{A}$；（2）$P_{120\text{V}}=374.4\text{W}$（发出），$P_{50\text{V}}=583.2\text{W}$（发出）。

4）$\frac{15}{51}$mA。

5）1A。

6）0.5A，16W。

7）（1）等效电阻9Ω，开路电压−20V，短路电流 $-\frac{20}{9}$A；（2）由b流向a，1.67A。

8）等效电阻8Ω，开路电压为0，短路电流为0。

9）5A，−4A，−1A。

10）$I_0=-1.2\text{A}$，其他三条支路电流均为0.4A。

11）12V。

12）$\frac{194}{41}$V，$\frac{150}{41}$V。

13）$I_1=4\text{A}$，$I_2=-6\text{A}$，$I=10\text{A}$，$P_{140\text{V}}=240\text{W}$，$P_{90\text{V}}=360\text{W}$，$P_{6\Omega}=600\text{W}$。

14）0.5A。

15）I_1=3A，I_2= −1A，I_3=2A。

16）选定 I_1、I_3、I_5 向右，I_2、I_4 向下，I_1=0.636A，I_2=1.18A，I_3=0.455A，I_4=0.728A，

I_5=−1.27A。

17）I=−2A，U=24V。

18）I=4.4A。

知识技能拓展 1 知识水平测试卷答案

1．答：当线性电路中有两个或两个以上的独立电源作用时，任意支路的电流（或电压）响应，等于电路中每个独立电源单独作用下在该支路中产生的电流（或电压）响应的代数和。它适用于计算线性电路的参数。

2．答：电路分析中可用短路代替不作用的电压源，而保留实际电源的内阻在电路中；可用开路代替不作用的电流源，而保留实际电源的内阻在电路中。当电路中存在受控电源时，因此要将受控电源保留在各分电路中。

3．答：因为功率不满足线性关系。

4．−5.6V。

5．用叠加定理求图 2.6.6 所示电路中各支路电流，已知 $E_1 = 60\text{V}$，$E_2 = 40\text{V}$，$R_1 = 30\Omega$，$R_2 = R_3 = 60\Omega$。

5．各支路电流参考方向向下，$I_1 = -\frac{2}{3}\text{A}$，$I_2 = 0\text{A}$，$I_3 = \frac{2}{3}\text{A}$。

知识技能拓展 2 知识水平测试卷答案

1．答：向外电路提供的电压或电流是受其他支路的电压或电流控制的电源称作受控源。

2．答：$\mu = \frac{u_2}{u_1}$称为转移电压比（即电压放大倍数）；$g_m = \frac{i_2}{u_1}$称为转移电导；$r = \frac{u_2}{i_1}$称为转移电阻；$\beta = \frac{i_2}{i_1}$称为转移电流比（即电流放大倍数）。

通过分别测量输出电压（或电流）与输入电压（或电流）之比求得。

3．答：输出极性反向。

4．答：分别参考教材中图 2.6.9～图 2.6.10，以及图 2.6.11～2.6.12 的分析回答。

5．答：μ受 R_1、R_2 影响，增加 R_2 或减小 R_1 来增加μ；g 受影响，减小 R_1 可增加 g；r 受电阻 R 影响，增加 R 可增加 r；β 受 R_1、R_2 影响，增加 R_1 或减小 R_2 来增加 β。

项目三习题解析与答案

任务一 知识水平测试卷答案

1．

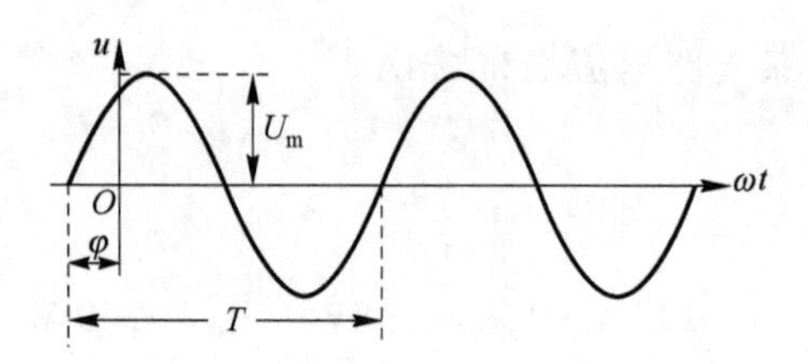

2．B。

3．不会烧坏。因为灯泡接在 220V 的直流电源上与接在 220V 交流电源上两者发热效应是等价的。

4. u_1滞后u_2 180°，两者反相。

5.（1）波形图，（2）三角函数瞬时表达式 $u=100\sqrt{2}\sin(314t+60°)$，（3）相量表示：$\dot{U}=100\angle 60°$，（4）用相量图表示如下：

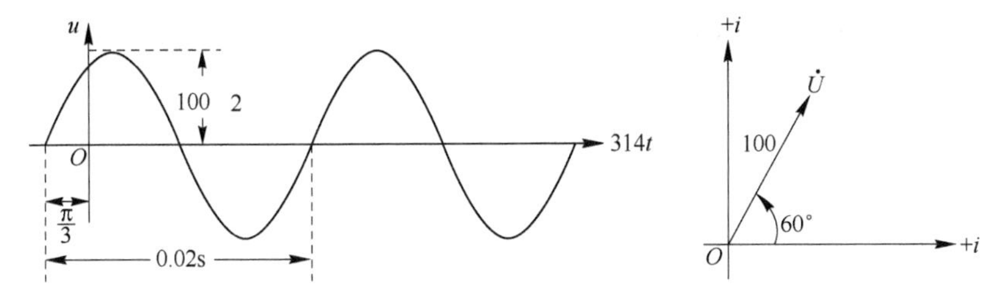

6. 只能看到信号中的一部分，调节垂直灵敏度即可。

7. 测量峰峰值再除以2π。若被测信号同时包含交流成分和直流成分，能用示波器来测量。将示波器的输入耦合方式设为DC。

8. 0.067ms。

9. 将CH1、CH2耦合方式开关置“AC”，调整有关控制件，使荧光屏显示大小适中、便于观察两路信号，如图所示。读出两波形水平方向差距格数 D 及信号周期所占格数 T，则相位差 $\theta=\frac{D}{T}\times 360°$。

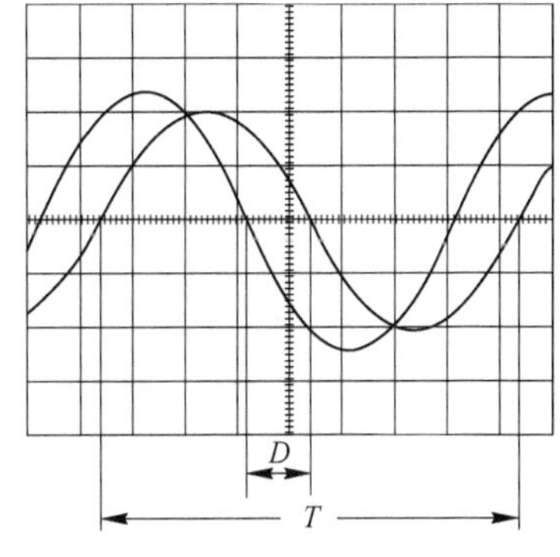

题9图 相位差的测量

10. 长期不使用的示波器，由于机内电解电容的容量改变，漏电会增大，若直接加额定电压易造成击穿短路；如需使用示波器时，应接入自耦变压器，先通以2/3额定电压工作2小时，再升至额定电压，以恢复电解电容的容量和绝缘。

11. 不正确。因为磁电系仪表的游丝一般有两个，且绕向相反，游丝一端与可动线圈相连，另一端固定在支架上，它的作用是既产生反作用力矩，同时又将电流引进可动线圈的引线。

12. 不正确。因为电流互感器一次测额定电流低于110A。

13. C。直流电压表要注意极性和量程。

14. 不正确。因为是正弦交流电，整流式电表读数才是正确的。

15. 不正确。可适用测量高低压交流电。

任务二 知识水平测试卷解答

1. 电感器就是能产生电感作用的元件的统称。其作用就是“阻交流通直流，阻高频通低频（滤波）”。

2. 电感器按用途不同可分为振荡电感器、校正电感器、显像管偏转电感器、阻流电感器、滤波电感器、隔离电感器、补偿电感器等。

3.（1）直标法：在电感线圈的外壳上直接用数字和文字标出电感线圈的电感量，允许误差及最大工作电流等主要参数。

（2）色标法：同电阻标法。单位为μH。

4.（1）在电源电路中的线圈容易出现因电流太大烧断的故障，可能是滤波电感器先发热，严重时烧成开路，此时电源的电压输出电路将开路，故障表现为无直流电流输出，电路系统不能进入工作状态，整机电路没有信号输出，对于音频电路而言出现无声故障，对于视频电路没有图像，对于控制电路没有控制信号输出。

（2）其他小信号电路中的线圈之后，一般表现为无信号输出。

5．电感器很少出现短路、漏电等故障，但是会出现电感量不正常故障，不同电路中的电感量不足会引起不同的故障现象。

（1）对于电源电路中的电感器，出现电感量不正常对电路工作没有很大影响。

（2）在 LC 谐振回路中，电感量的大小决定了谐振频率的高低，如果 LC 谐振回路不能起正常作用，将使电路输出信号小，严重时将造成无信号输出。

6．AC。

7．在直流电路中，电容器是相当于断路的；在交流电路中，电容器是导通的。电容器具有“通交流，阻直流”作用。

8．按用途分有：高频旁路、低频旁路、滤波、调谐、高频耦合、低频耦合、小型电容器。

9．若电容器容量有 R47、4μ7、477 三种标识方法，它们分别表示电容器容量是 0.47μF、4.7μF、470μF。

10．① 检测 10pF 以下的小电容，可选用万用表 R×10k 挡；

② 检测 10pF～1000μF 固定电容器，可选用万用表 R×1k 挡；

③ 对于 1000μF 以上的固定电容，可选用万用表的 R×10k 挡。

任务三　知识水平测试卷解答

1．D。频率增加，容抗减小，灯泡电压增加。

2．L_1 变暗、L_2 变亮、L_3 不变。因为频率增大，感抗增加、容抗变小。

3．用交流电压表去测量电压时，电压表的读数应为有效值，即 $U=\dfrac{U_m}{\sqrt{2}}=220\text{ V}$。

4．解　$u=380\sqrt{2}\sin\omega t\text{ V}$，$i_1=20\sqrt{2}\sin(\omega t+60^\circ)\text{ A}$，$i_2=20\sin(\omega t-45^\circ)\text{ A}$。所以 i_1 超前 u 60°，i_2 滞后 u 45°。

5．解　$I=\dfrac{P}{U}=\dfrac{100}{220}\approx 0.45\text{ A}$，$\dot{I}=0.45\angle 0^\circ\text{ A}$。所以灯泡的电阻为

$$R=\frac{U^2}{P}=\frac{220^2}{100}=484\Omega$$

6．解　$f=50\text{Hz}$ 时，$X_L=2\pi fL\approx 7.85\Omega$，则

$$\dot{I}=\frac{\dot{U}}{jX_L}=\frac{220\angle 60^\circ}{j7.85}\approx 28\angle -30^\circ\text{ A}$$

任务五　知识水平测试卷解答

1．略（参考知识学习内容 2、3）。

2．荧光灯照明线路由灯管、启辉器、镇流器、灯架、和灯座（灯脚）等组成。各部分作用（略）。

3．（1）启辉器座上的两个接线桩分别与两个灯座中的各一个接线桩连接。

（2）一个灯座中余下的一个接线桩与电源的中性线（零线）连接，另一个灯座中余下的一个接线桩与镇流器一个接线端连接，镇流器另一个接线端与开关一个接线桩连接，而开关另一个接线桩与电源的火线连接。

4．螺口平灯座上两个接线桩，为了使用安全，必须把电源中性线线头连接在连通螺纹的接线桩上，把来自开关的线头，接在连通中心簧片的接线桩上。以免在更换灯头时，误触火线，造成触电危险。

5．（1）连接紧固，以避免松动，造成线路断线；

（2）减小线路接触电阻，避免接线端过早氧化，造成接触不良。

任务六 知识水平测试卷解答

1．荧光灯电路主要由荧光灯管、镇流器、启辉器三部分组成。

2．当荧光灯电路与电源接通后，220V 的电压不能使荧光灯点燃，全部加在了启辉器两端。220V 的电压致使启辉器内两个电极辉光放电，放电产生的热量使倒 U 形双金属片受热形变后与固定触头接通。这时荧光灯的灯丝与辉光管内的电极，镇流器构成一个回路，灯丝得到预热，经 1~3 秒后灯丝因通过电流而发热，从而使氧化物发射电子。

3．不受影响。

荧光灯一旦点亮后，由于镇流器的存在，灯管两端的电压比电源电压低的多（具体数值与灯管功率有关，一般在 50～100V 的范围内），这个较低的电压不足以使启辉器辉光放电。因此，启辉器只在荧光灯点燃时起作用。荧光灯一旦点亮，启辉器就会处在断开状态。

4．（1）启辉器不能正常启辉，接通灯丝电路，灯管不亮；

（2）启辉器启辉时间短，灯丝电路预热不足，管内温度不高，灯管不亮。

5．启辉器辉光放电终止后，在两电极脱离的瞬间，回路中的电流突然切断而为零，因此在铁芯镇流器两端产生一个很高的感应电压，此感应电压和 220V 电压同时加在荧光灯两端，立即使管内惰性气体分子电离而产生弧光放电。镇流器在启动时起产生高电压的作用，在启动前灯丝预热瞬间及启动后灯管工作时则起限流作用。

任务七 知识水平测试卷解答

1．解 $f=50\text{Hz}$ 时，项目三中：$X_L=2\pi fL\approx 7.85\Omega$，$\dot I=\dfrac{\dot U}{jX_L}=\dfrac{220\angle 60^\circ}{j7.85}\approx 28\angle-30^\circ\text{ A}$

$$Q_L=I^2X_L=28^2\times 7.85=6154.4\text{ var}$$

$f'=100f=5000\text{Hz}$ 时有

$$X_L'=100X_L=785\Omega,\quad \dot I'=1\%\dot I=0.28\angle-30^\circ\text{ A}$$

$$Q_L'=1\%Q_L\approx 61.54\text{ var}$$

2．解 $S=UI=120\times 20=2400\text{ VA}$

$$Q=\sqrt{S^2-P^2}=\sqrt{2400^2-2000^2}\approx 1327\text{ var}$$

$$\cos\varphi=\frac{P}{S}=\frac{2000}{2400}\approx 0.83,\quad \varphi\approx 33.557^\circ$$

$$R=\frac{P}{I^2}=\frac{2000}{400}=5\Omega,\quad X_L=R\cdot\tan\varphi=5\times\tan 33.557^\circ\approx 3.32\Omega$$

$$L=\frac{X_L}{2\pi f}\approx\frac{3.32}{314}\approx 0.01\text{H}$$

3．解 $\dot U=220\angle 0^\circ\text{ V}$，$\dot I_2=j11\text{A}$，$\dot I_1=\dfrac{22}{\sqrt2}\angle-45^\circ=11\sqrt2\angle-45^\circ\text{ A}$

$$\dot I=\dot I_1+\dot I_2=11\sqrt2\angle-45^\circ+11j=11-j11+j11=11\text{A}$$

$$-jX_C=\frac{\dot U}{\dot I_2}=\frac{220\angle 0^\circ}{11j}=-j20\ \Omega$$

$$C=\frac{1}{\omega C}=\frac{1}{314\times 20}\approx 159\ \mu\text{F}$$

$$Z_1=\frac{\dot U}{\dot I_1}=\frac{220\angle 0^\circ}{11\sqrt2\angle-45^\circ}=10\sqrt2\angle 45^\circ\ \Omega$$

$$X_L = R = |Z_1|\cos 45^\circ = 10\sqrt{2} \times \frac{\sqrt{2}}{2} = 10\,\Omega$$

$$L = \frac{X_L}{\omega} = \frac{10}{314} \approx 0.0318\,\text{H}$$

4．解　$\cos\varphi = 0.866$，$\varphi = 30^\circ$；$\cos\varphi' = 0.5$，$\varphi' = 60^\circ$

$$I = \frac{P}{U\cos\varphi} = \frac{2000}{220 \times 0.866} \approx 10.5\,\text{A}，\quad I_{RL} = \frac{P}{U\cos\varphi'} = \frac{2000}{220 \times 0.5} \approx 18.2\,\text{A}$$

令 $\dot{U} = 220\angle 0^\circ\,\text{V}$，则 $\dot{I} = I\angle -\varphi = 10.5\angle -30^\circ\,\text{A}$，$\dot{I}_{RL} = I_{RL}\angle -\varphi = 18.2\angle -60^\circ\,\text{A}$

$$R + \text{j}X_L = \frac{\dot{U}}{\dot{I}_{RL}} = \frac{220\angle 0^\circ}{18.2\angle -60^\circ} \approx 12.1\angle 60^\circ \approx 6.05 + \text{j}10.5\,\Omega$$

所以 $R = 6.05\,\Omega$，$X_L = 10.5\,\Omega$，$L = \frac{X_L}{2\pi f} = \frac{10.5}{314} = 0.033\,\text{H}$

$$C = \frac{P}{\omega U^2}(\tan\varphi' - \tan\varphi) = \frac{2000}{314 \times 220^2}(\tan 60^\circ - \tan 30^\circ) \approx 152\mu\text{F}$$

5．解　$\cos\varphi_1 = 0.6$，$\varphi_1 = 53^\circ$，$\tan\varphi_1 = 1.333$ $\cos\varphi = 0.9$，$\varphi = 26^\circ$，$\tan\varphi = 0.488$

$$C = \frac{P}{\omega U^2}(\tan\varphi_1 - \tan\varphi) = \frac{3000}{314 \times 220^2}(1.333 - 0.488) \approx 167\mu\text{F}$$

知识技能拓展

知识水平测试卷解答

1．答：串联谐振时，R 上电压大小与电源电压相等，电源电压全加在电阻 R 上；L、C 上电压大小为电源电压 U 的 Q 倍，但 $\dot{U}_L$ 与 $\dot{U}_C$ 大小相等，相位相反，相互抵消，故串联谐振也叫电压谐振。并联谐振时，电流 $\dot{I}_G$ 等于电源电流 $\dot{I}_S$，电流 $\dot{I}_L$ 与 $\dot{I}_C$ 大小相等，方向相反，相互抵消，故并联谐振也称为电流谐振。

2．答：谐振时，电阻消耗能量，而电感和电容一个释放能量，另一个则吸收能量，释放和吸收的能量相等。

3．$6\sqrt{5}$V，$3\sqrt{5}$A。

4．10μF，0.2A，$i_R = 0.2\sqrt{2}\sin 500t\,\text{A}$，$i_L = 0.005\sqrt{2}\sin(500t - 90^0)\,\text{A}$，$i_C = 0.005\sqrt{2}\sin(500t + 90^0)\,\text{A}$。

5．25μF，1A

思考与练习解答

一、单项选择题

1．B，2．D，3．B，4．A，5．A，6．B，7．A，8．A，9．C，10．C，11．D，12．D，13．C，14．D，15．A，16．B，17．B，18．A，19．C，20．B。

二、填空题

1．50Hz，200V，0.14A。

2．$\sqrt{5}$ A。

3．25Ω，14.4mH。

4．5A。

5．1A，0.5A，2A，1.8A。

6．$2\sqrt{2}$，$2\sqrt{2}\text{j}$。

7．$8-6\text{j}$。

8．$\frac{1}{2}-\frac{3}{2}\text{j}$。

9．$u=200\sqrt{2}\sin(100t+15°)\text{V}$，2000W。

10．10Ω，50mH。

三、计算题

1．解　幅值$U_{\text{m}}=10\sqrt{2}\ \text{V}$，有效值$U=10\ \text{V}$，周期$T=\frac{2\pi}{\omega}=6.28\times10^{-2}\text{s}$，频率$f=\frac{\omega}{2\pi}=15.92\ \text{Hz}$，角频率$\omega$=100 rad/s 。

2．解　（1）$i_1=\sqrt{4^2+5^2}\times\sqrt{2}\sin\left(\omega t+\arctan\frac{5}{4}\right)=9.1\sin(\omega t+51.3°)$，其相量图如下图所示。

（2）$i_2=30\sqrt{2}\sin(\omega t+60°)$，其相量图如下图所示。

（3）$i_1=\sqrt{10^2+15^2}\times\sqrt{2}\sin\left(\omega t+\arctan\frac{15}{10}\right)=18\sin(\omega t+56.5°)$。其相量图如下图所示。

（4）$u_2=41\sqrt{2}\sin\left(\omega t+\frac{\pi}{4}\right)$，其相量图如下图所示。

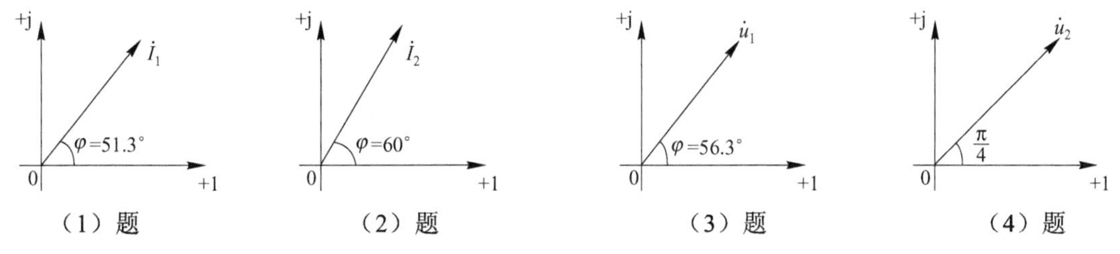

（1）题　（2）题　（3）题　（4）题

3．解　（1）工频 220V 电源：$\omega=20\times50\pi\ \text{rad/s}=314\text{rad/s}$

因为
$$U_{\text{C}}=I_{\text{C}}X_{\text{C}}=I_{\text{C}}\frac{1}{\omega C}$$

所以
$$C=\frac{I_{\text{C}}}{\omega U_{\text{C}}}=\frac{0.6}{314\times220}\text{F}=8.69\times10^{-6}\ \text{F}$$

（2）若$f=500\text{Hz}$，则$\omega=2\pi f=3140\text{rad/s}$

$$I_{\text{C}}=U_{\text{C}}\omega C=220\times3140\times8.69\times10^{-6}\text{A}=6\ \text{A}$$

4．解（1）若两个向量相同，则 $a=c$，$b=d$。

（2）若电压超前电流 90°，则$\arctan\frac{b}{a}-\arctan\frac{c}{d}=\frac{\pi}{2}$。

（3）若反相，则$\left|\arctan\frac{b}{a}-\arctan\frac{c}{d}\right|=\pi$。

5．解（1）$I_1X_{\text{C}}=I_2\sqrt{X_{\text{L}}^2+R^2}$，$R_{\text{L}}=X_{\text{L}}\Rightarrow I_1X_{\text{C}}=I_2X_{\text{L}}\sqrt{2}$。

（2）$I\left|\frac{-\text{j}X_{\text{C}}(R_2+X_{\text{L}}\text{j})}{R_2+X_{\text{L}}\text{j}-X_{\text{C}}\text{j}}\right|=I_1X_{\text{C}}$，$I=10\text{A}$，$X_{\text{C}}=15\Omega$，$R_2=X_{\text{L}}=7.5\Omega$

6．解　根据已知条件U_2的相位滞后U_1 45°。令$\dot{U}_1=U_1\angle0°$，则$\dot{U}_2=U_2\angle-45°$。

所以
$$\frac{\dot{U}_2}{\dot{U}_1}=\frac{-X_{\text{C}}\text{j}}{R-X_{\text{C}}\text{j}}=\frac{X_{\text{C}}^2}{R^2+X_{\text{C}}^2}-\frac{X_{\text{C}}R}{R^2+X_{\text{C}}^2}j=\frac{U_2\angle-45°}{U_1\angle0°}$$

即$\arctan\left(-\frac{R}{X_{\text{C}}}\right)=-45°$，则$\frac{R}{X_{\text{C}}}=1$，$X_{\text{C}}=\frac{1}{\omega C}$。

所以 $$C=\frac{1}{2\pi fR}=\frac{1}{2\pi\times300\times100}\text{F}=5.3\times10^{-6}\text{F}$$

由上述解可知 U_2 滞后 U_1 的角度为 $\varphi=|\text{arctg}(-R/X_C)|$，所以频率增高、$\Omega$增高，则 φ 越大即 U_2 滞后 U_1 的角度越大。

7．解 因为电容与电阻并联 $\dot{U}_R=\dot{U}_C$，$\dot{I}_1$ 与 $\dot{I}_2$ 夹角为 90°。

则 $$\begin{cases}U_R=U_C\\I_2R=I_1X_C\end{cases}$$

又因为 u 与 i 同相，则电路处在谐振状态。阻抗 Z 的虚部为 0。

$$Z=XL\text{j}+\frac{-X_C\text{j}R}{-X_C\text{j}+R}=\frac{X_C^2R}{R^2+X_C{}^2}+\left(X_L-\frac{X_CR^2}{R^2+X_C{}^2}\right)\text{j}$$

$$X_L-\frac{X_CR^2}{R^2+X_C^2}=0$$

因为 $\dot{I}_1$ 与 $\dot{I}_2$ 夹角为 90°，故

$$I=\sqrt{10^2+10^2}\text{A}=10\sqrt{2}\text{ A},\quad I=\frac{U}{|Z|}=\frac{100}{\frac{X_C^2R}{R^2+X_C{}^2}}=10\sqrt{2}\text{ A}$$

所以可列方程组为：

$$\begin{cases}10R=10X_C\\X_L-\frac{X_CR^2}{R^2+X_C{}^2}=0\\\frac{100}{\frac{X_C^2R}{R^2+X_C{}^2}}=10\sqrt{2}\text{ A}\end{cases}\Rightarrow\begin{cases}R=10\sqrt{2}\ \Omega\\X_C=10\sqrt{2}\ \Omega\\X_L=5\sqrt{2}\ \Omega\end{cases}$$

8．解

$$Z_1=R_1+\text{j}X_L=40+\text{j}157\approx162\angle75.7^\circ\Omega$$

$$\dot{I}_1=\frac{\dot{U}}{Z_1}=\frac{220\angle0^\circ}{162\angle75.7^\circ}\approx1.36\angle-75.7^\circ\text{ A}$$

$$Z_2=R_2-\text{j}X_C=20-j114\approx115.7\angle-80^\circ\Omega$$

$$\dot{I}_2=\frac{\dot{U}}{Z_2}=\frac{220\angle0^\circ}{115.7\angle-80^\circ}\approx1.9\angle80^\circ\text{ A}$$

$$\dot{I}=\dot{I}_1+\dot{I}_2=1.36\angle-75.7^\circ+1.9\angle80^\circ\approx0.87\angle39.7^\circ\text{ A}$$

相量图如题 8 图（b）所示。

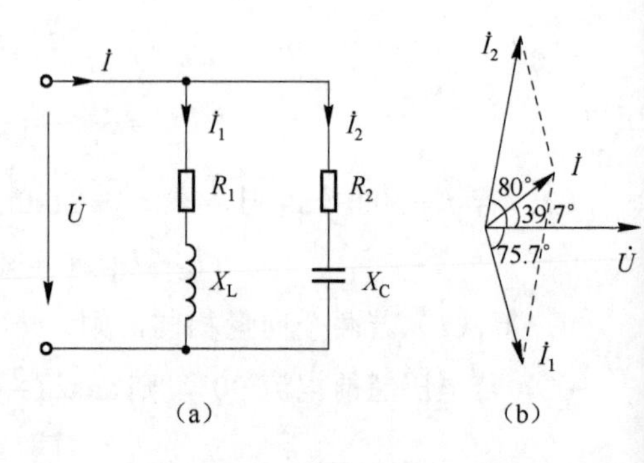

题 8 图

9．解（1）电路图如题 9 图（a）所示，求 U、I、U_{AB}：

$$\omega=2\pi f\approx314\text{rad/s},$$

$$X_L=\omega L=314\times0.127\approx40\Omega$$

$$X_C=\frac{1}{\omega C}=\frac{1}{314\times39.8\times10^{-6}}\approx80\Omega$$

$$I=\frac{U_{rL}}{\sqrt{r^2+X_L^2}}=\frac{168}{\sqrt{12.8^2+40^2}}\approx\frac{168}{42}\approx4\text{ A}$$

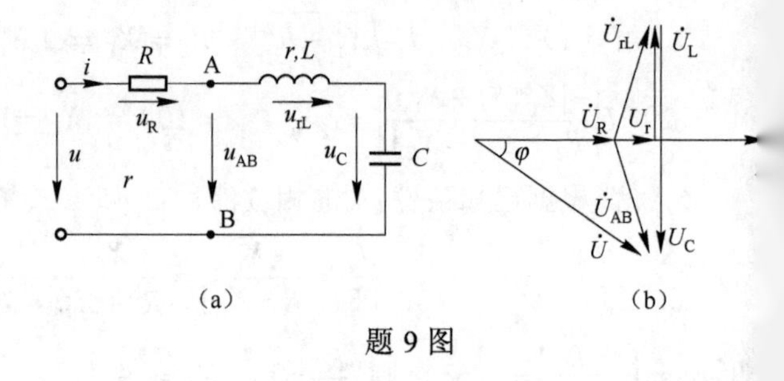

题 9 图

$$Z = R + r + \mathrm{j}(X_{\mathrm{L}} - X_{\mathrm{C}}) = 50 + 12.8 + \mathrm{j}(40 - 80) \approx 74.46\angle -32^\circ\,\Omega$$

$$U = I|Z| = 4 \times 74.46 \approx 298\,\mathrm{V}$$

$$Z' = r + \mathrm{j}(X_{\mathrm{L}} - X_{\mathrm{C}}) = 12.8 + \mathrm{j}(40 - 80) \approx 42\angle -72^\circ\,\Omega$$

$$U_{\mathrm{AB}} = I|Z'| = 4 \times 42 = 168\,\mathrm{V}$$

（2） $\cos\varphi = \dfrac{R + r}{|Z|} = \dfrac{50 + 12.8}{74.46} = 0.84$

$$P = I^2(R + r) = 4^2 \times (50 + 12.8) \approx 1005\,\mathrm{W}$$

$$Q = I^2(X_{\mathrm{L}} - X_{\mathrm{C}}) = 4^2 \times (40 - 80) = -640\,\mathrm{var}$$

$$S = UI = 298 \times 4 = 1192\,\mathrm{VA}$$

（3）以 $\dot{I}$ 为参考相量，相量图如题 9 图（b）所示。

10．解 电路图如题 10 图（a）所示，相量图如题 10 图（b）所示。

$I = 1\,\mathrm{A}$， $R = \dfrac{U_{\mathrm{R}}}{I} = \dfrac{\sqrt{3}}{1} = \sqrt{3}\,\Omega$， $X_{\mathrm{C}} = \dfrac{U_{\mathrm{C}}}{I} = \dfrac{1}{1} = 1\,\Omega$

$$Z' = R + r + \mathrm{j}(X_{\mathrm{L}} - X_{\mathrm{C}}) = \sqrt{3} + r + \mathrm{j}(X_{\mathrm{L}} - 1)$$

$$\frac{U}{|Z'|} = I，\quad \frac{U_{\mathrm{rL}}}{|Z|} = I$$

即
$$\begin{cases} \dfrac{5}{\sqrt{(\sqrt{3} + r)^2 + (X_L - 1)^2}} = 1 \\ \dfrac{5}{\sqrt{r^2 + X_{\mathrm{L}}^2}} = 1 \end{cases}$$

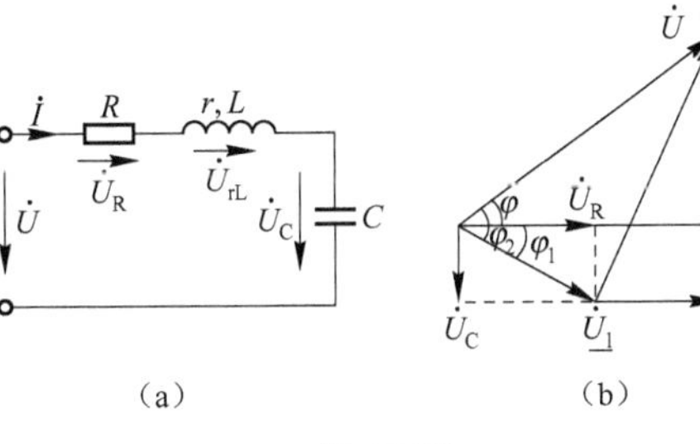

题 10 图

所以
$$\begin{cases} \sqrt{3}r - X_{\mathrm{L}} + 2 = 0 & ① \\ r^2 + X_{\mathrm{L}}^2 = 25 & ② \end{cases}$$

将①式代入②式得： $4r^2 + 4\sqrt{3}r - 21 = 0$

$$r = \frac{-4\sqrt{3} \pm \sqrt{\left(4\sqrt{3}\right)^2 + 4 \times 4 \times 21}}{2 \times 4} \approx 1.6\,\Omega$$

代入②式得： $1.6^2 + X_{\mathrm{L}}^2 = 25$， $X_{\mathrm{L}} \approx 4.7\,\Omega$， $L = \dfrac{X_{\mathrm{L}}}{2\pi f} \approx 0.015\,\mathrm{H}$。

11．解 电路图如下所示。

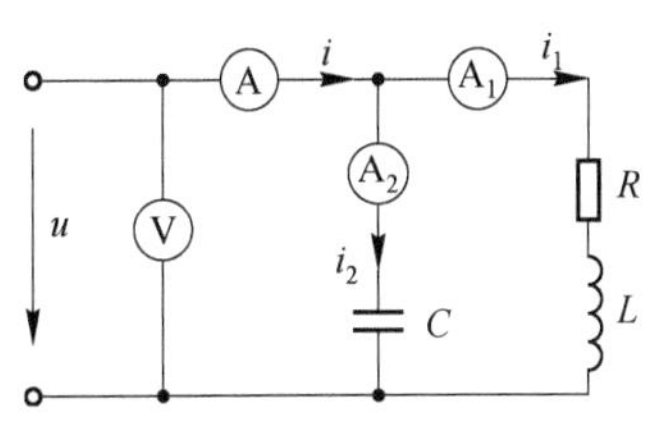

$$\dot{U} = 220\angle 0^\circ\,\mathrm{V}，\ \dot{I}_2 = \mathrm{j}11\,\mathrm{A}$$

$$\dot{I}_1 = \frac{22}{\sqrt{2}}\angle -45^\circ = 11\sqrt{2}\angle -45^\circ\,\mathrm{A}$$

$$\dot{I} = \dot{I}_1 + \dot{I}_2 = 11\sqrt{2}\angle -45^\circ + \mathrm{j}11 = 11 - \mathrm{j}11 + \mathrm{j}11 = 11\,\mathrm{A} \quad -\mathrm{j}X_{\mathrm{C}} = \frac{\dot{U}}{\dot{I}_2} = \frac{220\angle 0^\circ}{11\mathrm{j}} = -\mathrm{j}20\,\Omega$$

$$C = \frac{1}{\omega C} = \frac{1}{314 \times 20} \approx 159\,\mu\mathrm{F}$$

$$Z_1 = \frac{\dot{U}}{\dot{I}_1} = \frac{220\angle 0^\circ}{11\sqrt{2}\angle -45^\circ} = 10\sqrt{2}\angle 45^\circ\,\Omega$$

$$X_{\mathrm{L}} = R = |Z_1|\cos 45^\circ = 10\sqrt{2} \times \frac{\sqrt{2}}{2} = 10\,\Omega$$

$$L = \frac{X_{\mathrm{L}}}{\omega} = \frac{10}{314} \approx 0.0318\,\mathrm{H}$$

12. 解 电路图如图（a）所示，相量图如图（b）所示。

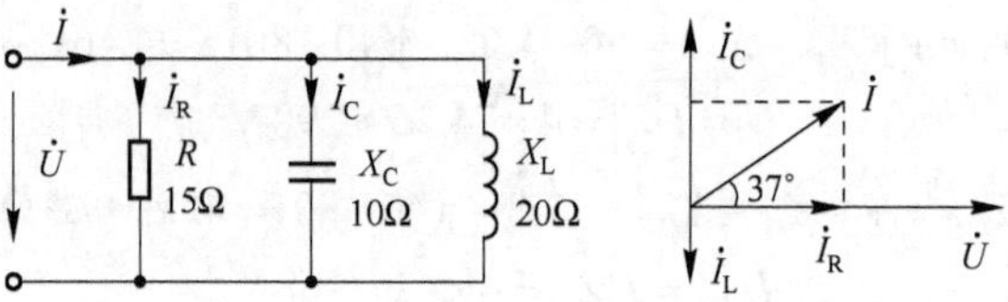

（a）　　　　　　（b）

$$\dot{U}=120\angle 0^\circ\ \text{V},\quad \dot{I}_R=\frac{\dot{U}}{R}=\frac{120\angle 0^\circ}{15}=8\angle 0^\circ\ \text{A}$$

$$\dot{I}_C=\frac{\dot{U}}{-\text{j}X_C}=\frac{120\angle 0^\circ}{-\text{j}10}=\text{j}12\ \text{A},\quad \dot{I}_L=\frac{\dot{U}}{\text{j}X_L}=\frac{120\angle 0^\circ}{j20}=-\text{j}6\ \text{A}$$

$$\dot{I}=\dot{I}_R+\dot{I}_C+\dot{I}_L=8+\text{j}12-\text{j}6=10\angle 37^\circ\ \text{A}$$

$$\cos\varphi=\cos(-37^\circ)=0.8,\quad S=UI=1200\ \text{VA}$$

$$P=S\cos\varphi=1200\times 0.8=960\ \text{W}$$

$$Q=S\sin(-37^\circ)=1200\times(-0.6)=-720\ \text{var}$$

13．解（1）令 $\dot{U}=220\angle 0^\circ$，则

$$\dot{I}_2=\frac{\dot{U}}{R_2}=\frac{220\angle 0^\circ}{20}\text{A}=11\angle 0^\circ\ \text{A},\quad \dot{I}_1\frac{\dot{U}}{R_1+X_L\text{j}}=\frac{220\angle 0^\circ}{20\angle 60^\circ}\text{A}=11\angle -60^\circ\ \text{A}$$

$$\dot{I}=\dot{I}_1+\dot{I}_2=11\angle 0^\circ+11\angle -60^\circ\text{A}=\left[11+11\cos(-60^\circ)+11\sin(-60)\text{j}\right]\text{A}\approx 19\angle -30^\circ\ \text{A}$$

（2）平均功率为整个电路的有功功率

$$S=UI=220\times 19\ \text{V}\cdot\text{A},\quad \cos\varphi=\cos 30^\circ=\frac{\sqrt{3}}{2},\quad P=S\cos\varphi\approx 3620\text{W}$$

14．解（1）$U_L=\sqrt{U^2-U_R^2}=\sqrt{380^2-220^2}\approx 309.84\ \text{V}$

$$I=\frac{P_{炉}}{U_R}=\frac{200}{220}\approx 0.91\ \text{A},\quad X_L=\frac{U_L}{I}=\frac{309.84}{0.91}\approx 340.48\Omega$$

$$Q_L=I^2X_L=0.91\times 340.48\approx 282\ \text{var}$$

$$\cos\varphi=\frac{U_R}{U}=\frac{220}{380}\approx 0.58$$

（2）若用 R 替换 L，则

$$R=\frac{U-U_R}{I}=\frac{380-220}{0.91}=\frac{160}{0.91}\approx 176\Omega$$

$$P=(380-220)\times 0.91=160\times 0.91=145.6\ \text{W}$$

比较：串 L 时，$\cos\varphi=0.58$，$\eta=\dfrac{P_{炉}}{UI\cos\varphi}=\dfrac{200}{380\times 0.91\times 0.58}\approx 1$

串 R 时，$\cos\varphi=1$，$\eta=\dfrac{P_{炉}}{UI}=\dfrac{200}{380\times 0.91}\approx 0.58$

可见：串电阻使用时，$\cos\varphi$ 高，但效率低，为了节约能源，串 L 较好。

15．解　$\cos\varphi_1=0.6$，$\varphi_1=53^\circ$，$\tan\varphi_1=1.333$ $\cos\varphi=0.9$，$\varphi=26^\circ$，$\tan\varphi=0.488$

$$C=\frac{P}{\omega U^2}(\tan\varphi_1-\tan\varphi)=\frac{3000}{314\times 220^2}(1.333-0.488)\approx 167\mu\text{F}$$

16．解　由已知一只荧光灯的 $P=40\ \text{W}$，$\cos\varphi=0.5$，则 $\varphi=60^\circ$。

$$Q=40\tan\varphi=40\sqrt{3}\ \text{var}$$

一只白炽灯的 P 为 400W，所以

$$P_{总}=20\times 40+100\times 400=40800\text{W}$$

$$Q_{总} = 20\times 40\sqrt{3}\ \text{var} = 800\sqrt{3}\ \text{var}$$

根据功率三角形 $S_{总} = \sqrt{P_{总}^2 + Q_{总}^2} = 40823.5\ \text{W}$

功率系数为 $\dfrac{P_{总}}{S_{总}} = 0.9994$

17．解 由题意得：

$$X_L = \omega L\ ,\quad \dot{I} = \frac{\dot{U}}{X_{Lj}}\ ,\quad Q_L = I_L U_L$$

（1）当接至 50Hz、220V 的电源上，且 $\dot{U} = 220\angle 60°$ 时

$$X_L = 7.85\ \Omega\ ,\quad \dot{I} = \frac{\dot{U}}{X_L\text{j}} = 28.03\angle -30°\ \text{A}\ ,\quad Q_L = I_L U_L = 6165.6\ \text{var}$$

（2）当接至 5000Hz，220V 的电源上，且 $\dot{U} = 220\angle 60°$ 时

$$X_L = 785\Omega\ ,\quad \dot{I} = \frac{\dot{U}}{X_{Lj}} = 0.2863\angle -30°\ \text{A}\ ,\quad Q_L = I_L U_L = 61.656\ \text{var}$$

18．解 $\cos\varphi = 0.866$ ， $\varphi = 30°$ ； $\cos\varphi' = 0.5$ ， $\varphi' = 60°$

$$I = \frac{P}{U\cos\varphi} = \frac{2000}{220\times 0.866} \approx 10.5\ \text{A}\ ,\quad I_{RL} = \frac{P}{U\cos\varphi'} = \frac{2000}{220\times 0.5} \approx 18.2\ \text{A}$$

令 $\dot{U} = 220\angle 0°\ \text{V}$，则 $\dot{I} = I\angle -\varphi = 10.5\angle -30°\ \text{A}$， $\dot{I}_{RL} = I_{RL}\angle -\varphi = 18.2\angle -60°\ \text{A}$

$$R + \text{j}X_L = \frac{\dot{U}}{\dot{I}_{RL}} = \frac{220\angle 0°}{18.2\angle -60°} \approx 12.1\angle 60° \approx 6.05 + \text{j}10.5\ \Omega$$

所以 $$R = 6.05\Omega\ ,\quad X_L = 10.5\Omega\ ,\quad L = \frac{X_L}{2\pi f} = \frac{10.5}{314} = 0.033\ \text{H}$$

$$C = \frac{P}{\omega U^2}(\tan\varphi' - \tan\varphi) = \frac{2000}{314\times 220^2}(\tan 60° - \tan 30°) \approx 152\mu\text{F}$$

19．解 由已知得： $U_C = IX_C$ ， $U = IR$

因为 $\dfrac{U_C}{U} = 20$，所以 $\dfrac{X_C}{R} = 20$， $R = 157\ \Omega$ 。

又因为串联谐振时： $X_L = X_C$ ， $\omega_0 L = 314$ ， $\omega_0 = 2\pi f_0$

所以 $$L = \frac{314}{2\pi f_0} = \frac{314}{2\times 500\pi}\ \text{H} = 0.1\ \text{H}$$

20．解 因为电容与电阻并联有 $\dot{U}_C$=$\dot{U}_R$ ， U_C=U_R ，则 $I_1 X_C = I_2 R$ ，而 $\dot{I}_1$ 与 $\dot{I}_2$ 的夹角为 90°，所以 $I = 10\sqrt{2}\text{A}$ 。

因为电路处在谐振状态，所以

$$Z = X_L\text{j} + \frac{-X_C\text{j}R}{-X_C\text{j} + R} = X_L\text{j} + \frac{-X_C\text{j}R(-X_C\text{j} + R)}{R^2 + X_C{}^2}$$

$$= X_L\text{j} + \frac{X_C^2 R}{R^2 + X_C{}^2} - \frac{-X_C R^2}{R^2 + X_C{}^2}\text{j} = \frac{X_C^2 R}{R^2 + X_C{}^2} + \left(X_L - \frac{X_C R^2}{R^2 + X_C{}^2}\right)\text{j}$$

$$X_L - \frac{X_C R^2}{R^2 + X_C{}^2} = 0\ ,\quad I = \frac{U}{Z} = \frac{50}{\dfrac{X_C^2 R}{R^2 + X_C{}^2}} = 10\sqrt{2}\ \text{A}$$

所以可得方程为

$$\begin{cases} 10X_C = 10R \\ X_L - \dfrac{X_C R^2}{R^2 + X_C^2} = 0 \\ \dfrac{50}{\dfrac{X_C^2 R}{R^2 + X_C^2}} = 10\sqrt{2}\ \text{A} \end{cases} \Rightarrow \begin{cases} R = 5\sqrt{2}\ \Omega \\ X_C = 5\sqrt{2}\ \Omega \\ X_L = 2.5\sqrt{2}\ \Omega \end{cases}$$

项目四习题解析与答案

任务二　知识水平测试卷解答

1．大小，频率，相位；

2．0；

3．相序；

4．正，正；

5．$220\angle-150°\text{V}$，$220\angle-30°\text{V}$；

6．星形，三角形；

7．相电压，线电压；

8．相电压；

9．220V；

10．0V，440V，380V，220V；

11．略；

12．不可以接成对称三相电源。因为相位上不是互相相差 120° 的对称关系。

13．$\dot{U}_U = 220\angle 60°\text{V}$，$\dot{U}_V = 220\angle-60°\text{V}$，$\dot{U}_W = 220\angle-180°\text{V}$

14．相电压，相电流；

15．端，关联；

16．对称三相电路；

17．星形，三角形；

18．127V，220V；

19．$220\angle-90°\text{V}$，$220\angle 150°\text{V}$，$220\angle 30°\text{V}$，$380\angle-60°\text{V}$，$380\angle 180°\text{V}$，$380\angle 60°\text{V}$，$13.65\angle-97.13°\text{A}$，$13.65\angle 142.87°\text{A}$，$13.65\angle 22.87°\text{A}$，0A　$I_L = I_P$，同相；

20．$20\angle 0°\text{A}$，$10\angle 150°\text{A}$，$7.78\angle 165°\text{A}$，$3.82 + \text{j}7.02 = 4.32\angle 27.9°$。

21．0，0

22．$5\angle 0°\text{A}$

23．C

24．C

25．B、C

26．D

27．C

28．C

29．$\dot{U}_U = 220\angle 0°\text{V}$，$\dot{I}_{U1} = \dfrac{\dot{U}_U}{Z_1} = 22\angle-53°\text{A}$，$\dot{I}_{U2} = \dfrac{\dot{U}_U}{Z_2} = 7.77\angle-45°\text{A}$，$\dot{I}_U = \dot{I}_{U1} + \dot{I}_{U2} = 29.7$

$\angle -51°A$，$\dot{I}_V = 29.7\angle -171°A$，$\dot{I}_W = 29.7\angle 69°A$，$\dot{I}_{V1} = 22\angle -173°A$，$\dot{I}_{W1} = 22\angle 67°A$，$\dot{I}_{V2} = 7.77\angle -165°A$，$\dot{I}_{W2} = 7.77\angle 75°A$。

30.（1）全亮时：$I_P = 20\times\dfrac{40}{220} - 3.64A$，$I_L = I_P = 3.64A$，$I_N = 0A$；

（2）$I_U = 10\times\dfrac{40}{220} = 1.82A$；$I_V = I_W = 3.64A$；$I_N = 3.64 - 1.82 = 1.82A$；

（3）当灯全亮、中性线断开时：$U_U = U_V = U_W = 220V$；当 U 相一半亮 V、W 全亮又无中性线时：$\dot{U}_{N'N} = -4.4V$，$\dot{U}'_U = \dot{U}_U - \dot{U}_{N'N} = 224.4V$，$\dot{U}'_V = \dot{U}_V - \dot{U}_{N'N} = 217.9\angle -119°V$，$\dot{U}'_W = \dot{U}_W - \dot{U}_{N'N} = 217.9\angle 119°V$；中性线的作用是使不对称的负载获得对称的电源相电压。

任务三 知识水平测试卷解答

1. $220\angle 0°V$，$220\angle -120°V$，$220\angle 120°V$。

2. $\sum_{k=1}^{n} G_k U_k \Big/ \sum_{k=1}^{m} G_k$。

3. 使不对称的负载获得对称的电源相电压。

4. $\dot{I}_N$；O。

5. 火线，中性线，火线，中性线，火线，火线。

6. D　　7. B　　8. B

9. $Z_U = 8 + j6 = 10\angle 37°$；$Z_v = 8 + j6 = 10\angle 37°$；$Z_w = 12 + j16 = 20\angle 53°$；$I_U = \dfrac{U_U}{|Z_U|} = 22A$，$I_V = \dfrac{U_V}{|Z_V|} = 22A$，$I_W = \dfrac{U_W}{|Z_W|} = 11A$；

$$P = I_U^2 R_U + I_V^2 R_V + I_W^2 R_W = 22^2\times 8\times 2 + 11^2\times 12 = 9196W$$

$$Q = I_U^2 X_U + I_V^2 X_V + I_W^2 X_W = 22^2\times 6\times 2 + 11^2\times 16 = 12022.3var$$

$$S = \sqrt{P^2 + Q^2} = 7744VA。$$

10.（1）$\dot{I}_U = 44\angle 0°A$，$\dot{I}_V = 44\angle -120°A$，$\dot{I}_W = 22\angle 120°A$，$\dot{I}_N = -44\angle 120° + 22\angle 120°A$；

（2）$\dot{U}_W = 0V$，$\dot{U}_U = 220V$，$\dot{U}_V = 220\angle -120°V$，$\dot{I}_U = 44\angle 0°A$，$\dot{I}_V = 44\angle -120°A$，$\dot{I}_N = \dot{I}_U + \dot{I}_V = -44\angle 120°A$；

（3）$\dot{I}_U = \dfrac{\dot{U}_{UV}}{R_U + R_V} = \dfrac{380\angle 30°}{10} = 38\angle 30°A$，$\dot{I}_V = -\dot{I}_U = -38\angle 30° = 38\angle -150°A$，

$\dot{U}'_U = \dfrac{1}{2}\dot{U}_{UV} = 190\angle 30°V$，$\dot{U}'_V = -\dfrac{1}{2}\dot{U}_{UV} = -190\angle 30° = 190\angle -150°V$；

（4）中性线的作用是使不对称的负载获得对称的电源相电压。

任务四 知识水平测试卷解答

1. 各相功率

2. $U_P I_P \cos\varphi$；$3P_P$

3. $S = \sqrt{P^2 + Q^2}$

4. $3U_P I_P \cos\varphi$；$\sqrt{3}U_L I_L \cos\varphi$

5. $10\angle -30°$；0.866；380V；38A；37.53kW；380V；22A；12.51kW

6. 0.83；3342.1kW

7. 380V；220V；3342.1kW

8．1666.4kW

9．9120W；9120W

10．0.84；0；1.5kW；1.5kW；3kW；750W；1.5kW；750W；3kW

11．C　12．A　13．D　14．A　15．B

16．（1）三角形联结时有：$Z_P = 40 + j30 = 50\angle 37°$，$U_P = U_L = 220V$，$I_P = \frac{U_P}{|Z|} = 4.4A$，$I_L = \sqrt{3}I_P = 7.6A$，$P = 3U_P I_P \cos\varphi = 2323.2W$；

（2）$P = 3U_P I_P \cos\varphi = 2323.2W$

17．$U_P = \frac{U_L}{\sqrt{3}} = 220V$，$I_P = \frac{U_P}{R_P} = 22A$，$P = 3U_P I_P = 14520W$。

18．$\cos\varphi = \frac{P}{\sqrt{3}U_L I_L} = 0.8$，$\varphi = 37°$，$I_P = \frac{I_L}{\sqrt{3}} = 11A$，$|Z_P| = \frac{U_P}{I_P} = 34.5\Omega$，$Z_P = 34.5\angle 37°$。

19．$\cos\varphi = \frac{P}{\sqrt{3}U_L I_L} = 0.69$，$\varphi = 46.4°$，$Q_L = P\tan\varphi = 5.5\times 1.05 = 5.775\ \text{kvar}$。

20．能满足需要。$S > \frac{220}{0.7} = 371.4\ \text{kVA}$，$\cos\varphi = \frac{260}{320} = 0.813$。

21．$P_{甲} = 30\times 0.8 = 24\ \text{kW}$；$P_{乙} = 10\times 0.6 = 6\text{kW}$；$P = P_{甲} + P_{乙} = 30\text{kW}$

$Q = 30\times 0.6 + 10\times 0.8 = 26\ \text{kVar}$，$S = \sqrt{P^2 + Q^2} = 39.7\text{kVA}$，$\cos\varphi = \frac{P}{S} = 0.76$。

思考与练习答案

1．最大值（有效值），角频率（频率），初相位。

2．4.4A，2323.2W；13.2A，6950W。

3．Y_0（星形有中性线），Δ形。

4．22A，11.6kW，8.71kvar；65.8A，34.7kW，26kvar。

5．$u_A = 220\sqrt{2}\sin(\omega t - 60°)V$。

6．可将 66 个电灯分成三组，每组 22 个相互并联后接入三相电源的一个相的相线与中性线间，获得相电压 220V。当负载对称时，I_l=10A。

7．U_P=220V，I_P=I_l=22A。

8．这是由于 A 相绕组接反所致，结果

$$\dot{U}_{AB} = -\dot{U}_A - \dot{U}_B = -220\angle 0° - 220\angle -120° = 220\angle 120°V$$
$$\dot{U}_{CA} = \dot{U}_C + \dot{U}_A = 220\angle 120° + 220\angle 0° = 220\angle 60°V$$
$$\dot{U}_{BC} = \dot{U}_B - \dot{U}_C = 220\angle -120° - 220\angle 120° = 380\angle -90°V$$

9．$I_l \approx 20A$，$I_P \approx 11.5A$。

10．证明：在电压相等和输送功率相等的条件下，三相输电电流应比单相输电电流大 $\sqrt{3}$ 倍。即 $P_3 = \sqrt{3}UI_l\cos\varphi = 3P_{单} = 3UI_P\cos\varphi$，$I_l = \sqrt{3}I_P$。

令三相输电线每根导线电阻为 R_1，单相输电线每根导线电阻为 R_2，则线路功率损失分别为：三相输电：$3I_l^2R_1 = 3\left(\sqrt{3}I_P\right)^2 R_1$，单相输电：$6I_P^2R_2$ 有

$$9I_P^2R_1 = 6I_P^2R_2 \Rightarrow R_1 = \frac{2}{3}R_2$$

$$R_1 = \rho\frac{l}{S_1},\ R_2 = \rho\frac{l}{S_2} \Rightarrow S_1 = 1.5S_2$$

用铜量：用导线体积计算，令三相为 V_1，单相为 V_2，则 $V_1=3S_1l$，$V_2=6S_2l$。

$$\frac{V_1}{V_2}=\frac{3S_1l}{6S_2l}=\frac{S_1}{2S_2}=\frac{1.5S_2}{2S_2}=\frac{3}{4}$$

11.（1）不对称；

（2）$\dot{I}_A=10\angle 0°A$，$\dot{I}_B=10\angle -180°A$，$\dot{I}_C=10\angle 180°A$，$\dot{I}_N=10\angle 180°A$；

（3）P=4400W，Q=0，S=P。

12.（1）$\dot{I}_A=15.5\angle 14.9°A$，$\dot{I}_B=15\sqrt{2}\angle -135°A$，$\dot{I}_C=11\angle 90°A$；（2）$P$=8372W，$Q$=20var，$S$=8372VA。

13.（1）$\dot{I}_A=10\angle -60°A$，$\dot{I}_B=5.18\angle -105°A$，$\dot{I}_C=14.1\angle 105°A$；（2）P=5700W，$Q$=−509var（容性），$S$=5723VA；（3）$P_1$=3800W，$P_2$=1900W。

14.（1）I=11.4A；（2）Z_2=R 时可使 I 最大，I=14A；（3）$Z_2=-jX_C$ 时可使 I 最小，I=0。

15. $\dot{I}=10A$，X_L=7.5Ω，X_C=15Ω，R_2=7.5Ω。

项目五习题解析与答案

任务二　知识水平测试卷答案

1. 1）单向；2）锗；3）0V，0V；4）P，N，正向偏置；5）单向导电性；6）反向击穿。

2. 1）B；2）A，B；3）A，B；4）C；5）A，C。

3. 答：1）加正向偏压，有利于扩散，形成较大的正向电流，二极管导通；加反向偏压，有利于漂移，形成微弱的反向电流，二极管截止。

2）使稳压管不会因过流而损坏。

3）单色发光二极光的两根引脚不一般长，长引脚是正极，短引脚是负极。

4）把交流电转换成直流电的过程，称之为整流。整流输出的电压是脉动的直流电压，稳恒直流电压是大小方向都不随时间变化的直流电，交流电压是大小方向随时间变化的电压。

5）VD 正向导通。R 起限流作用，稳定 VD 输出的作用。若 R=0 无稳压作用。输出端偶然断路，则稳压管不会损害。稳压管击穿 U_o=0，稳压管断路 $U_o=U_i$。

4. 答　1）当 u_i>0 时，VT_1 截至，VT_2 导通，u_o=0.7V；当 u_i<0 时，VT_1 导通，VT_2 截至，u_0=−0.7V，输出在图（a）的基础上绘制的电压波形如图（b）所示。

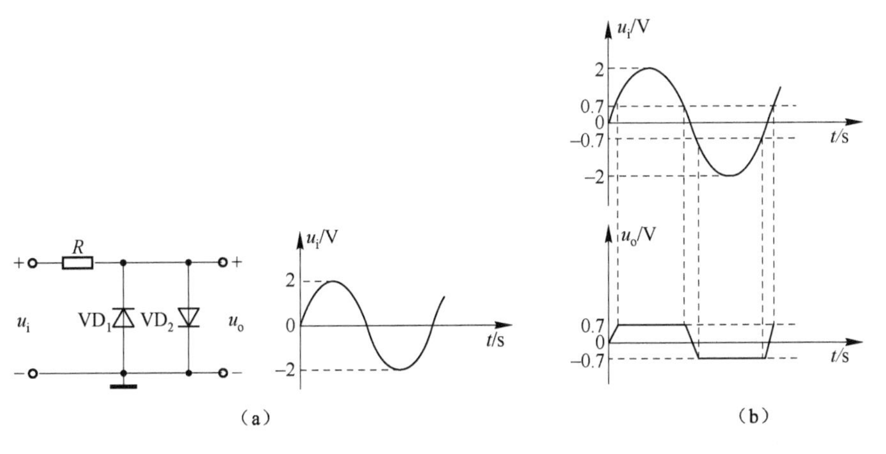

图 5.2.23　绘图和计算题 1）图

2）答 （1）因为 VT 上加正向电压，所以 VT 导通，U_o=6 V；
（2）因为 VT 上加正向电压，所以 VT 导通，U_o=−3 V；
（3）因为 VT 上加正向电压，所以 VT 导通，U_o=0 V；
（4）因为 VT_1 上加反向电压，VT_1 截止，VT_2 上加正向电压，VT_2 导通，U_o=4 V。
3）答 （1）U_o=16V；
（2）VT_2 工作，U_o=10V；
（3）VT_1 和 VT_2 并联，U_o=6 V。

任务三 知识水平测试卷答案

1．1）流；2）正，正；3）NPN，3 号电极；4）正偏，反偏；5）截至；
2．1）B；2）B；3）C；4）B；5）D； 6）B；7）A；8）A，B；9）A，A，B；10）B；11）A；12）C；
3．答：1）是利用发射区注入的多子在基区的扩散大大超过复合而实现的。
2）当 $u_i < U_{ON}$，截止区，$i_B \approx 0$，$i_C \approx 0$；
当 $u_i \geqslant U_{ON}$，且 $U_B < U_C$，或 $i_B < I_{BS}$，放大区，$i_C = \beta i_B$；
当 $u_i > U_{ON}$，且 $U_B > U_C$，或 $i_B > I_{BS}$，饱和区，$u_{CE} = U_{CES}$。
3）绘制图如下图（a）、（b）所示。

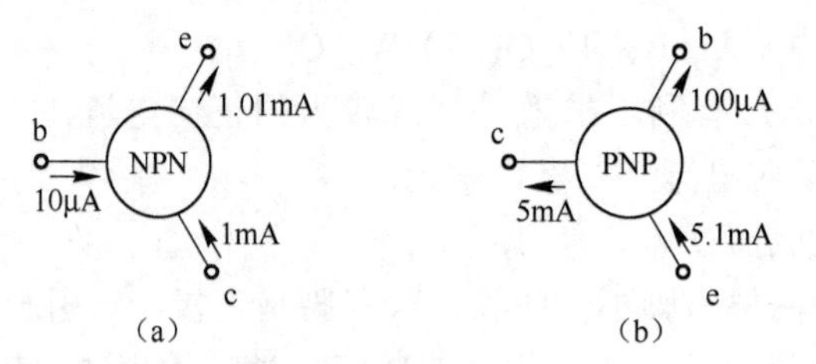

4．
1）解 （1）1 号：C，2 号：B，3 号：E，是 NPN 硅管；
（2）1 号：B，2 号：E，3 号：C，是 NPN 硅管；
（3）1 号：E，2 号：B，3 号：C，是 PNP 锗管。
2）解 （1）$I_E = 1.96 + 0.04 = 2\text{mA}$，图示如图（a）所示；（2）NPN 管；（3）图示如图（b）所示；（4）$\beta = \frac{1.96}{0.04} = 49$。
3）解 （a）因为 U_{BE}=0V，所以管子截止；
（b）因为 $\beta = 50 \geqslant \frac{R_p}{R_C} = 10$，所以管子饱和；
（c）因为 $\beta = 50 \leqslant \frac{R_p}{R_C} = 100$，所以管子放大。

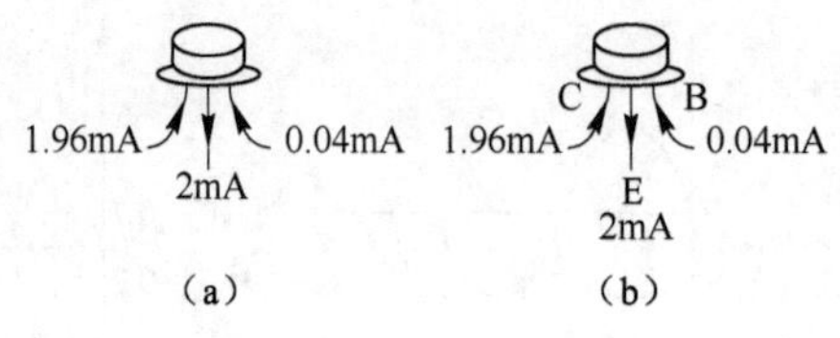

任务四 知识水平测试卷答案

1．答：晶闸管的导通条件是：晶闸管阳极和阴极间施加正向电压，并在门极和阴极间施加正向触发电压和电流（或脉冲）。

导通后流过晶闸管的电流由负载阻抗和电源电压决定，负载上电压由电源电压决定。

2．答：晶闸管的关断条件是：要使晶闸管由正向导通状态转变为阻断状态，可采用阳极电压反向，或使阳极电流 I_A 减小到维持电流 I_H 以下时，晶闸管内部建立的正反馈无法进行，进而实现晶闸管的关断。关断后其两端电压大小由电源电压 U_A 决定。

3．解 开关从位置1合到位置2，R_1 中电流为零，故 $u_{R1}(0_+)=0$；

开关在位置1时，已处于稳态，故 $u_C(0_-)=u_C(0_+)=U_S=100\text{V}$，$u_{R2}(0_+)=-u_C(0_+)=-100\text{V}$，$i_C(0_+)=\dfrac{u_{R2}(0_+)}{R_2}=\dfrac{-100}{100}=-1\text{A}$。

4．解 参考方向如图所示，由已知条件得：

$$\tau=RC=10\times10^3\times3\times10^{-6}=3\times10^{-2}\text{s}=30\text{ms}$$

由教材中式（6-4-8）可知，当 t=90ms 时，$u_C=10\times\text{e}^{-\frac{90}{30}}=10\text{e}^{-3}=0.5\text{V}$；

当 t=150ms 时，$u_C{}'=10\times\text{e}^{-\frac{150}{30}}=10\text{e}^{-5}=0.067\text{V}$。

5．答 在刚断电时，大电容储存有较高的初始能量，两端有比较高的初始电压，当人修理时，触及大电容器接线桩头时，使电容器、人体、大地构成放电回路，往往使修理人员容易带来大危险。

知识技能拓展 知识水平测试卷解答

1．答：响应和激励之间满足积分关系的 RC 电路，我们称之为积分电路；响应和激励之间满足微分关系的 RC 电路，我们称之为微分电路。RC 微分电路满足 $\tau<<t_p$，RC 积分电路满足 $\tau>>t_p=\dfrac{T}{2}$。

2．答：输出信号波形随着方波激励的频率减小或电路时间常数减小，尖脉冲的宽度越来越小。在脉冲电路中，常应用它产生的尖脉冲作触发信号。

3．答：输出信号波形随着方波激励的频率增加或电路时间常数增加，三角波的顶部越来越尖，三角波形状特征越来越明显。在脉冲电路中，常用它产生三角波，作为电视的接收场扫描信号。

4．答：RC 电路产生尖脉冲触发信号的条件：（1）输入 u_i 是周期为 T 的方波；（2）u_o 从电阻 R 端输出；（3）时间常数 $\tau<<t_p=\dfrac{T}{2}$。

5．答：RC 电路产生三角波信号的条件：（1）输入 u_i 是周期为 T 的方波；（2）u_o 从电容 C 端输出；（3）时间常数 $\tau>>t_p=\dfrac{T}{2}$。

思考与练习答案

一、

1．自由电子；2．0.5V，0.6～0.8V，0.1V，0.1～0.3V；3．N，P；4．0.1V，0.5V；5．硅二极管，锗二极管；6．NPN，PNP，发射结，集电结；7．饱和，截至；8．正偏，反偏；9．U_{ON}, 0, 0，0.7V，>，i_C/i_B，0.3V，I_{CS}/β，<。

二、

1．解 输出的电压波形如下。

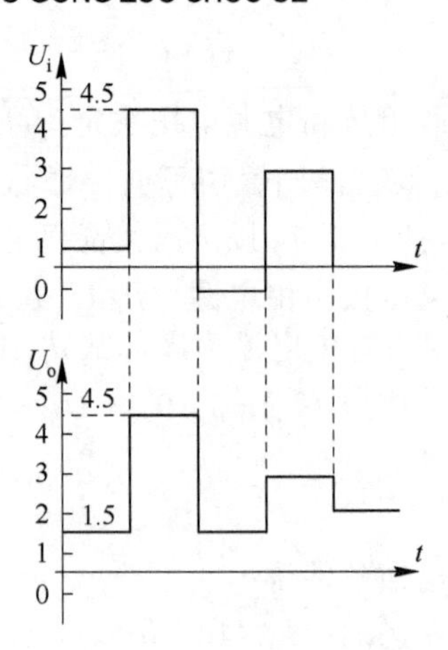

2．解 绘图如下。

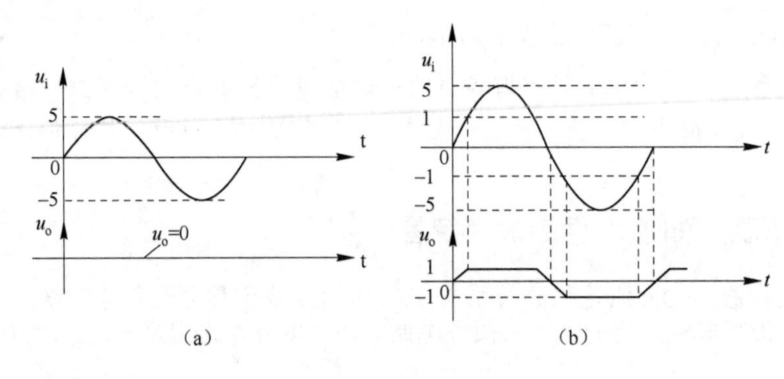

（a）　　（b）

三、

1．答：指针万用表黑表笔、红表笔分别接二极管的两极，若一次电阻大，一次电阻小，则电阻小的那一次黑表笔接的是二极管的阳极，红表笔接的是阴极。

2．答：两只手捏紧测量，此时人体电阻约（1～2kΩ）比二极管反向阻值小很多，故测量的二极管的反向阻值比较小，会误认为二极管性能不好。

3．答：不能。二极管正向导通，管子电流大，干电池会发烫。二极管串接一个电阻再接干电池。

4．答：（1）一开始，电容充电，相当于一阶 RC 零状态响应电路，此时电容相当于短路，电路电流最大，电路等效电阻最小，然后电路电流按照指数规律逐渐减小至零，电路等效电阻逐渐增大到∞。故一开始万用表指针摔动到最大，然后再逐渐返回到初始位置（刻度∞处），这种现象说明电容器是好的。若电容器击穿短路，则指针摔动到最大，而不返回，若电容器断路，则指针不会摔动。

（2）电容器容量较大，充电回路时间常数大，电路电流按指数规律衰减的速度慢，故指针返回速度较慢。

参 考 文 献

1　姚正武．电工与钳工实训．北京：电子工业出版社，2009.

2　王建，马伟．维修电工（初中级）国家职业资格证书取证问答．北京：机械工业出版社，2005.